化学薬品のライフサイクル

（0） 実験計画（⇒ §4・1）

最も効率的な（その実験によって本質が分かるような）実験計画を立てる．

　　化学物質を扱う安全な方法（ルート）

　　経済的（時間，費用）な方法（ルート）

　　安全で経済的な廃棄

（1） 化学薬品（試薬）の購入（⇒ §3・1）

使用目的にあった純度のものを，必要な量だけ，適切な価格で買う．

化学薬品の規格を調べて，使用目的にあった純度と価格のものを選ぶ．

　　カタログ，ラベルの上手な読み方（⇒ §3・1・3，§3・1・4）

　　規格の種類（JIS 規格，社内規格，用途別試薬）（⇒ §3・1・2）

　　価格

（2） 化学薬品（試薬）の保管・貯蔵（⇒ §3・2）

安全に，品質が落ちないように注意して保管する．

ラベルをしっかり固定する．

　　安全性：最低限，法律に従った保管・貯蔵（⇒ §2・2，§3・2）

　　保管場所，数量

　　ラベルから得られる情報の活用

貯蔵に関して考慮すべきことは，一にも二にも安全である．

　　（i）　毒性（劇物・毒物）：鍵のかかる貯蔵庫に保管，記帳

　　（ii）　爆発性

　　（iii）　発火，引火性（消防法に従った貯蔵），混載の禁止（⇒ §3・2）

　　（iv）　劣化の防止（熱に弱いもの…低温，光に敏感なもの…暗所，酸化を受けやすいもの…不活性気体中，水分を吸収したり水と反応するもの…デシケーター中に保存）

（3） 化学薬品（試薬）の使用

十分な純度を持った原料を使って，安全に操作をする．（⇒ §4・2，§4・3）

　（3.1） 使用前の純度の確認，精製（⇒ §4・2）

　（3.2） 使用（反応）（⇒ §4・3）

　　　　化学薬品の毒性，爆発性，発火性，引火性などに注意する．
　　　　有毒気体を発生するものは，フード（ドラフト）を使用する．
　　　　（フードからの排気の処理にも注意）
　　　　できるだけ少量の廃棄しやすい溶媒を用いる．
（4）　廃棄物の処理（⇒§5・1, §5・2）
　　分別収集と法律に従った適切な処理（責任）
（5）　作り出した（生成した）物質との付き合いかた（⇒§8・1）
　　(5.1)　十分な純度の物質をつくる．
　　　　分離，精製（⇒§8・1）
　　(5.2)　製造（生成）した物質の記録と管理
　　　　実験ノートおよび貯蔵容器のラベル（⇒§4・4）
　　　　作った時期が違うものは混ぜない．
　　(5.3)　同定（構造決定・定性分析）（⇒§8・2）
　　　　既知物質：物理的性質（融点・沸点・スペクトルなど）が
　　　　　　　　　報告されているものと一致するか？（⇒§7・4）
　　　　新 物 質：文献（CA など）で徹底調査して，これまで
　　　　　　　　　報告されていないものであることを確かめる．
　　　　　　　　　（⇒§7・4）
　　　　新物質として認知されるために必要なデータを集め，適切に記録
　　　　（⇒§8・2）
　　(5.4)　知的財産としての主張
　　　　学術論文，特許（⇒§7・2, §7・5）
（6）　化学薬品の譲渡（売却）（⇒§5・3）
　　法律に従った化学物質の移動
　　化学物質安全性データシート（MSDS），イエローカード（⇒§5・3）
（7）　記録（安全と知的財産の保護管理）
　　化学物質の取り扱いに関する正確な記録と記録の整理・保管
　　（後からの調べ直しが容易なように = traceability）（⇒§4・4）
　　　　賢い実験ノートの取り方
　　　　実験データの整理と管理

化学サポートシリーズ

編集委員会：右田俊彦・一國雅巳・井上祥平
岩澤康裕・大橋裕二・杉森　彰・渡辺　啓

化学薬品の基礎知識

上智大学名誉教授
理学博士
杉　森　　彰　著

東京 **裳　華　房** 発行

WISE USE OF CHEMICALS

by

AKIRA SUGIMORI, DR. SCI.

SHOKABO

TOKYO

「化学サポートシリーズ」刊行趣旨

　一方において科学および科学技術の急速な進歩があり，他方において高校や大学における課程や教科の改変が進むなどの情勢を踏まえて，新しい時代の大学・高専の学生を対象とした化学の教科書・参考書として「化学新シリーズ」を編集してきました．このシリーズでは化学の基礎として重要な分野について，一般的な学生の立場に立って解説を行うことを旨としておりますが，なお，学生の多様化や多彩な化学の内容に対応するためには，化学における重要な概念や事項の理解をより確実なものとするための勉学をサポートする参考書・解説書があった方がよりよいように思われます．そこで，このために「化学サポートシリーズ」を併行して刊行することにしました．

　編集委員会において，化学の勉学にあたって欠かすことのできない重要な概念，比較的に理解が難しいと思われる概念，また最近しばしば話題になる事項を選び，テーマ別に1冊（100ページ程度）ずつの解説書を刊行して，読者の勉学のサポートをするのが本シリーズの目的であります．

　本シリーズに対するご意見やご希望がありましたら委員会宛にお寄せ下さい．

1996年5月

編集委員会

はじめに

　本書は，化学薬品に初めて接する大学化学系学部・学科（理学，工学，薬学，農学，物質・材料，生命理工など）の初年級の学生が，化学実験を学びながら，化学薬品を"安全に"かつ"効率的に"使用するために必要な，基本的な考え方を簡明にまとめたものである．

　化学を職業とする化学者・技術者にとって，化学薬品と上手に付き合うことは，基本中の基本であろう．"上手な付き合い方"には幾つかの側面がある．一つは，危険性を持つ化学薬品を"安全に"扱うことであり，もう一つは，目的達成のために"最も効率的に"使うことであろう．

　化学の学問・技術の進歩に伴って，膨大な種類の化学物質が新しく作り出され，多種類の化学物質が多量に日常生活で利用されるようになった．それに伴って，化学物質の有害性が社会・環境にとって大きな問題になっている．昔の化学者は，自身の安全だけに気をつけていればよかったのだが，現在の研究者・技術者は，自分が使い，また作り出す化学物質の社会・環境への影響を熟慮しながら仕事をしなければならない．それを判断するための基礎知識は，できるだけ早い時期に身に付けておく必要があろう．

　一方，化学薬品を賢く使うためには，化学物質に関する情報を上手に使うことが大切である．

　本書の半分は，化学薬品を手に入れるところから始まって，保管・貯蔵，使用，譲渡・廃棄に至る化学薬品の"ライフサイクル"の要所要所で，どんなところに注意して化学物質と付き合ったらよいかを系統的に考察するものである．

　化学薬品は危険性を持っている．それ故，化学物質の取り扱いには法律の

制約や自主規制がある．化学薬品を，使用者自身にとっても社会・環境に対しても安全に取り扱うためには，化学物質の使用がどのような法律によって規制されているかを知らなければならない．

　本書のあとの半分は，化学物質に関する情報の受容・発信についての仕組みと，情報交換のための基礎知識とである．これらは，情報化時代を生きる化学者の基礎知識として重要なものである．文献検索，命名法なども大切ではあるが，実験ノート（前半の第4章に書かれているが）は最も重要なものである．上手に実験ノートを取ることは，一朝一夕にはできないが，初歩の段階から修練して，自分のスタイルを確立して行くのがよいであろう．

　この本は，もちろん，化学実験を始める前に一読してもらってもよいのだが，化学実験を履修し始めて半年ぐらいの間に，折に触れて読んでいただくのもよいであろう．野球やサッカーを楽しむのに，ルールブックをマスターしてから実技に入ることが少ないように，化学薬品との上手な付き合い方は，実際の体験を通じてこそ身に付くものである．

　また，この本は，理科の実験に携わる中学校，高等学校の先生方にも読んでいただきたい．さらに，専門外ではあるが化学物質を材料として扱う必要が生じた，非化学系の研究者・技術者にも役に立つものと思う．

　本書は，化学サポートシリーズの一環として企画された．初めて化学薬品を使う化学のフレッシュマンの役に立てば，こんなに嬉しいことはない．

　シリーズ編集委員の大橋裕二教授は，原稿を丁寧に検討して，有益な助言を下さった．また，原稿を本の形にまとめあげる上で，裳華房編集部の小島敏照氏，前田優子氏には大変なご苦労をおかけした．この本は，たくさんの方々に，いろいろなことを教えていただきながら書かれた．化学工業日報社　間島房雄氏，有機合成薬品工業株式会社　生駒嘉晴氏，東京消防庁予防部危険物課　加藤憲二氏，白井国際特許事務所　白井重隆氏，社団法人化学情報協会　田中友子氏には，筆者の幼稚な質問にも丁寧に答えていただいた．

以上の方々に深く感謝する．

　本書のタイトルは「化学薬品」となっていて，薬品会社から買ってくる瓶詰めのものを対象としているように思われるであろうが，もっと広く「化学物質」全体を対象として考えていただきたい．まえがきも，「化学薬品」と「化学物質」の二つを微妙に区別しながら書かれている．

　2004年3月

杉　森　　彰

目　次

第 1 章　化学薬品（物質）のライフサイクル

1・1　化学薬品を手に入れてから廃棄するまで　2
1・2　化学物質のライフサイクルと注意点　4

第 2 章　化学薬品（物質）の危険性とその管理
　　　　　―法律による規制と自主規制―

2・1　化学薬品の安全な取り扱い方　8
2・2　化学薬品の危険性と法律　8
2・3　自主規制
　　　―ISO 14001（環境マネジメントシステムの在り方）―　11
2・4　危険物を取り扱う現場の管理　13

第 3 章　化学薬品の購入と保管・貯蔵

3・1　化学薬品（試薬）の購入　16
3・2　化学薬品の保管・貯蔵　22
3・3　高圧ガス，低温液化ガスの購入と貯蔵　30

第 4 章　化学薬品の使用

4・1　化学薬品の使用計画　38
4・2　化学薬品使用前のチェック　38
4・3　化学薬品を使用するときの注意　39
4・4　実験ノートの取り方　40

第5章　化学薬品（物質）の譲渡と廃棄

5・1　化学物質の譲渡・廃棄と法規制　48
5・2　化学薬品の廃棄の規制　48
5・3　化学物質の譲渡と輸送　50

第6章　化学物質の戸籍
　　　　　—化学式の書き方と命名法—

6・1　化学式，名称，CAS 登録番号　60
6・2　有機化合物の表現　61
6・3　無機化合物の表現　69
6・4　CAS 登録番号　73
6・5　複雑な化合物の命名　74
6・6　錯体の表現　75

第7章　化学物質の情報の発信と収集

7・1　化学物質についての情報にはどんなものがあるか　82
7・2　発信側から見た化学情報の流れ　83
7・3　受信側から見た化学情報の流れ　88
7・4　化学物質についてのオンライン検索の実際　90
7・5　特許の基礎知識　94

第8章　自分が作り出した物質にどのように対応するか

8・1　純物質の製取　100
8・2　分子構造の同定　101

目　　次　　　　　　xi

第9章　化学物質の危険性と化学構造
　　　　―危険物質は見分けられるか―

- 9・1　化学構造と生理作用　　108
- 9・2　発火性　　111
- 9・3　引火性　　112
- 9・4　爆発性　　112

参　考　書　　115
索　　　引　　117

化学者の薬品中毒	5
化学機動中隊	14
化学薬品の規格	36
森永ヒ素ミルク事件	36
ベンゼンの精製	43
実験ノートの記録の重要性	46
大学と企業での危険性の違い	58
化合物名の発音	79
幻の元素　ニッポニウム	98
日本の化学を開拓したエフェドリン	105
化学薬品の事故でお医者さんにかかるときには	114

第1章

化学薬品（物質）の
ライフサイクル

　化学に関わる仕事は，化学薬品を相手にするものである．化学者・化学技術者，そして，化学を学ぶ学生も，必要な化学薬品を調達し，それを反応させ新しい物質を作り出し，ある場合は製品として社会に出し，一部は廃棄物として環境に排出する．化学の領域で有意義な仕事をするためには，化学薬品と"賢い付き合い"をしなければならない．第1章では，化学薬品を手に入れるところから，手を離れるまでの化学薬品（物質）のライフサイクルを全体として眺め，どのようなところに注意して化学物質と付き合うべきか，その問題点を認識することにしよう．

1・1　化学薬品を手に入れてから廃棄するまで

　大学，工業高等専門学校，工業高校の化学系学部・学科に在学する諸君は，卒業研究に入ると一人一人が独立の研究を始める．化学は，物質を対象とする学問なので，実験化学を選んだ学生は，まず研究対象の物質を手に入れることから仕事を始めるだろう．研究対象の物質は，市販のものである場合もあろうし，合成で作らなければならない場合もあろう．合成で作る場合も，合成原料は，薬品会社から買わなければならない．

注：化学実験に使える純度の高い化学物質の幾つかは，日用品としてデパートやスーパーでも買える．食塩，砂糖などはすぐ考えつくが，水溶液の形で過酸化水素，次亜塩素酸ナトリウム（台所用漂白剤）なども容易に手に入り，化学実験に利用できるものである．ここで，化学薬品の中には，圧力容器に入った気体物質も含まれることに注意しよう．実験室で使われるボンベに入った水素ガスはもちろん，家庭用のプロパンガス，スプレー式のプラスチック容器に入ったガス類なども立派な化学薬品である．

　化学薬品を手に入れようとするとき，まずすることは，その薬品が市販されているかどうか，必要な純度のものをどれくらいの値段で手に入れることができるかを調べることである．これは，化学薬品（試薬）のカタログを上手に使うことによってできる．

注：厳密な実験では，薬品会社から買った化学薬品でも使用前に間違いない物質であるか，また純度が十分かを検査することがある．しかし，現在の高い技術水準では，製造業者の品質保証を信じて使うことが多い．

1・1 化学薬品を手に入れてから廃棄するまで

　購入された化学薬品は，一時実験室に保管・貯蔵された後で，本来の目的のために使われる．この場合，最も注意しなければならないのは化学物質の危険性である．爆発性，発火性・引火性，毒性が，化学薬品を取り扱う職業人だけでなく，一般市民にも不安を与える．また，危険物質は犯罪に使われる危険性もある．従って，化学薬品を使用するときだけでなく，化学物質を保管，移動させるときにも，一般市民に対する影響を含めた安全性を重視することが大切になる．

　化学物質を扱うと有害な廃棄物が出ることが多い．それは，少量ずつではあっても，長期の使用によって蓄積され，予想されなかった災害を起こすことにもなる．これをどう安全に処理するかは大きな問題である．

　このような理由で，化学物質の取り扱いは 100 以上の法律によって規制されている．化学物質を仕事の対象に選ぶ者にとって，取り扱い者自身と一般市民，さらには環境に対して自分が使っている化学物質がどのような影響（有害性）を持つかを知り，どのような法律の規制を受けているかを熟知して行動することは，モラルとして最も基本的なものであろう．法律だけでなく，自主規制によって，化学災害を減らしていこうとすることも大きな流れになってきている．

　化学者は，物質を変換して新しい物質を作る（世界で初めて作られた物質だけでなく，すでに知られている物質であっても自分にとっての新しい物質なら同じことである）．このようにして手にした新しい物質については，それが何であるか（構造）を確かめる必要がある．たとえよく知られた方法で作ったものであるにせよ，自分の作ったものが，それに違いないものか，また不純物が少なく，十分な純度を持っているかどうかを確かめる必要がある．自分の作ったものが，これまで世界の誰もが作ったことのないものであることもあろう．この場合には，物質に関する情報をどう集め利用するか，また，新しい物質の構造・特性をどう発信していくかが問題になる．これらの物質についての情報を社会に向かって公表するには，証拠として必要なデ

ータが揃っていなければならず，また一定の形式で書かれていなければならない．それらの決まりに慣れることも化学者の基本的な修練である．

　次に，作った物質は，確かな方法で（安全で，劣化が起こらないように）保管・貯蔵されなければならない．ある場合には，作ったものを譲り渡したり，企業で働く場合には売ったりもする．

　化学物質に関わる職業人にとって，化学物質の名称と化学式は最も基本的な知識である．世界中の人が，化学物質について的確に情報を交換できるのは，物質の名前の付け方，化学式の書き方が国際的に統一されているからである．さらに，化学者，化学技術者は化学物質を含む化学情報を受信し，また，自分の作り出した化学情報を広く世界に向かって発信していかなければならない．このような化学情報の流れを把握し，自分の仕事に必要な化学情報を的確に集め，さらに，情報を発信するためには，基礎的な知識と訓練とが必要である．

1・2　化学物質のライフサイクルと注意点

　本書は，化学物質を手に入れ，仕事をし，外に出す過程で留意しなければならないことを流れに沿って解説しようとするものである．

　化学物質を使う仕事の流れを箇条書きにしてみて，その過程で注意しなければならない点を表見返しにまとめた．参考にすべき章・節を（⇒§）で示してある．読者には，実験のたびに，チェックポイント確認のための参考にしていただくようお願いしたい．

化学者の薬品中毒

　換気装置などが不完全だった時代の化学のパイオニア達は，自分の研究している化学物質による中毒に悩まされた．

　エミール・フィッシャーは，代表的研究である糖の立体構造の決定を，彼の作り出したフェニルヒドラジンを活用して成功させたが，その後一生中毒に悩まされた．ブンゼンは，有名なカコジルの研究でヒ素中毒にかかった．

　このようなことから，排気設備の整った実験室が化学者に切望され，19世紀末から20世紀初頭にかけて活躍した大化学者が，教授招請に対し，排気設備のよい実験室の建設を条件にしていることも納得させられる．

　現在の実験室では，換気装置（フード，ドラフト）は，電動のモーターを使うのが常識であるが，昔はガスを勢いよく燃やして上昇気流を作り煙突から排気した．この方式は，リービッヒ (1803-1873)，ウェーラー (1800-1882) の頃からのもので，1950年代の東京大学理学部化学教室でも使われていた．このため，古い化学実験室の写真には，屋根に煙突が林立しているのが見える．可燃性の気体が発生する実験をしていて，ドラフトが爆発したという事故も記録されている．

第2章

化学薬品（物質）の危険性とその管理
―法律による規制と自主規制―

　常に危険性をはらんでいる化学物質を扱う人は，"安全"を第一に考えなくてはならない．安全には，化学薬品を扱う化学者自身に対するものと，周囲の一般市民，それに環境に対するものとがある．危険物質を扱う場合，これから扱う物質にどのような危険性があり，法律がその取り扱い方をどう規制しているのかを事前に調べておくことは，化学の専門家の"いろは"であろう．最近では，法律だけでなく，自主規制によって環境保全をする運動も盛んになってきた．この章では，化学薬品を扱う者が知っておかなければならない法律や自主規制の考え方を学ぶこととしよう．

第2章 化学薬品（物質）の危険性とその管理

2・1 化学薬品の安全な取り扱い方

化学者または化学者の卵として，どのようなところに注意して化学薬品の安全性を確保するかを考えてみると
（1） 自分自身に対する危険
（2） 他人に対する危険（他人に対して害を与える心配）
の両面があることに気づく．他人に対する危険はさらに次のような3つの側面を持っているであろう．
　(2.1) 同僚に対する危険
　(2.2) 自分の作ったものが社会に出たときの危険
　(2.3) 環境に対する危険

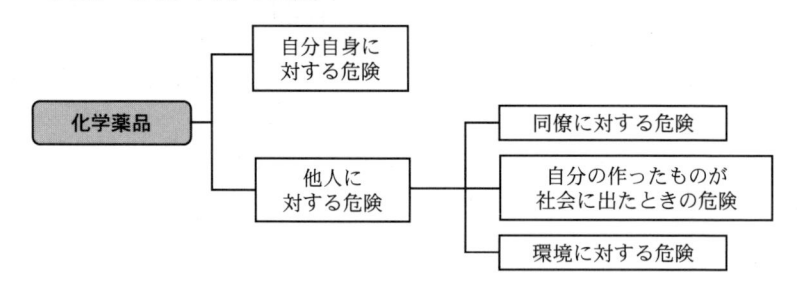

図2・1　化学薬品が及ぼす危険

2・2 化学薬品の危険性と法律

化学薬品の危険性を考えるとき，法律などの規制がどうなっているかを知ることが出発点となるであろう．化学物質の危険性は多様であり（**発火性，引火性，可燃性，爆発性，酸化性，禁水性，強酸性，腐食性，有毒性，有害性，放射性**などに分類されている），またそれが社会のどの局面で問題となるかも複雑なので，化学物質を扱う場合，関係する法律は100以上にも上るといわれている．主なものを見ていこう．

自分自身と同僚との安全確保については，次のような法律が中心になるであろう．これらの法律は，化学物質だけでなくいろいろな危険にさらされて作業する職業人の安全を確保するための規定である．

労働基準法
労働安全衛生法
作業環境測定法

科学技術が作り出した製品（化学物質だけでなく）が社会に出て起こす事故・障害について，最近これまでと考え方の違う画期的な法律ができた．**製造物責任法**（1995年7月施行，**PL（Product Liability）法**と呼ばれる）がそれである．

それまでの法律は，故意や過失があったときに責任を問うものであったが，PL法は故意や過失が無くても，製造物に"欠陥"があって，それによって事故が起こった場合には，製造者が法律上の責任を問われるというものである．"故意・過失"から"欠陥"へと大きな転換であった．ここでいう"欠陥"とは，

（1） 設計上の欠陥：製品の設計それ自体が安全性に欠ける場合
（2） 製造上の欠陥：組立の不完全や部品の欠損など製造過程で安全性の欠如が生じる場合
（3） 指示の不備：警告が不適切であったために安全性が欠如する場合

を指している．化学物質についていえば，(1)は，毒性を持った製品を気づかずに市場に出してしまったというようなことであろうし，(2)は，製造の途中で不注意から混入してしまった不純物によって使用者が障害を受けたというような場合に相当しているであろう．(3)は，"製品を漂白剤と混ぜると有毒な気体が発生する"というような注意書きを怠って，事故が起こった場合に相当するだろう．

物質の危険性の規制は，それを製造したり加工したりする職業人に対するものと，何も知らずにそれを使ったり，環境に流れ出たもので被害を受ける

一般市民に対するものとでは少し異なる．PL法は，被害を受ける側の一般市民の保護を目的にしている．

廃棄物も「製造または加工されたもの」で責任の対象である．この法律解釈によって，廃棄を委託した業者が，不法投棄などをして問題を起こしたときには，廃棄を委託した者も罪に問われることになった．廃棄を委託する側は，廃棄業者が法律に沿った廃棄をしたかどうかを確かめなければならないのである．法律は化学物質を扱う工場だけでなく，大学，研究所も規制している．大学初年級の化学者の卵が，不用意に捨ててしまった有毒物質によって，大学全体の罪が問われる．化学を専門とするものには，自覚が求められている．

個々の化学物質について，製造・輸入・使用を規制する重要な法律が"**化審法（正式名称 化学物質の審査及び製造等の規制に関する法律）**"である．これは，人の健康を損うおそれのある化学物質が環境に流れ出ることを未然に防止するために，新規化学物質の製造・輸入に際し，事前に審査し，必要な規制をする法律である．

危険物が，環境に漏れて起こる被害を防止することを目的とした法律も，"公害"に関するものを中心に数多く出されている．

　　大気汚染防止法
　　水質汚濁防止法
　　悪臭防止法

などがそれに当たる．毒物及び劇物取締法にも，廃棄，運搬，貯蔵などに関連した規定がある．

危険物質が外に漏れ出ていないかどうかの測定も必要であろうが，その前に，危険物質をよく管理して，入ってきたものと出ていくものとの収支を合わせることが必要である．危険物質が環境に流出しないようにするためには，それらの物質を厳重に管理しなければならない．PRTR（Pollutant Release and Transfer Register）法，正式には，「**特定化学物質の環境への**

排出量の把握等及び管理の改善の促進に関する法律」（略称 化学物質管理促進法）（1999年7月公布，2001年4月施行）はまさしくこのことを規定したもので，"人の健康を損なうおそれまたは動植物の生息，生育に支障を及ぼすおそれがある"化学物質を指定する（第1種指定物質354，第2種指定物質81）とともに，その移動，環境への排出を記録して，管理することを義務付けた法律である．それには，**化学物質安全性データシート MSDS (Material Safety Data Sheet)** を使う．化学物質安全性データシートは，PRTR法で指定されている化学物質の他，「毒物及び劇物取締法」，「労働安全衛生法」で指定される化学物質，それぞれ約500種，630種についても義務付けられている（これらには重複がある）．詳しいことは第5章で述べる．

これらの法律は，従来の，危険化学物質を指定し規制する法律ではなくて，"化学物質の管理と環境保全のためのシステムを構築しよう"という新しい発想である．

2・3 自主規制
—ISO 14001 （環境マネジメントシステムの在り方）—

化学物質の製造・使用に携わっている企業などが，法律によるのではなく，自主規制で化学物質の安全性を高めていこうとする運動もある．ISO 14000シリーズの規格がその一つである．

ISO 14001という言葉を目にしたり，耳にしたりしたことのある読者も多いことであろう．2000年の夏に起こった，雪印乳業の牛乳による集団中毒には，「工場が，ISO 14001の認定を受けていたのに，こんな事故が起ってしまった」というコメントがあったことを思い出す方もおられよう．

ISO 14000シリーズは，これまでと発想の違った規格である．規格といえば，これまでは，製品の機能がある水準以上にあることを保証するものであった．化学薬品なら，純度，不純物の種類と含有量が問題で，純度が高

く，不純物の少ないものが特級品に，以下一級品，…とクラス分けされている．これと違って，ISO 14000シリーズはシステム（化学物質についていえば，それを製造加工するシステム）が，"環境・安全"を保証するものかどうかを審査して，合格のものに資格を与える．製造現場の管理体制が，作業上の，また製品の安全性を確保しているものであり，また環境汚染を引き起こす心配がないことを確認して，資格が与えられる．繰り返すが，ISO 14000シリーズでは製品にではなくて，事業所の管理体制に資格が与えられるのである．

このISO 14000シリーズの元になった自主規制運動は，1984年にカナダの化学品生産者協会が始めたもので，Responsible Care（レスポンシブル・ケア：責任を持った管理）がその主張である．レスポンシブル・ケアは，"化学物質を製造し，または取り扱う事業者が，自己決定・事故責任の原則に基づき，化学物質の開発から製造，流通，使用，最終消費を経て廃棄に至る全ライフサイクルにわたって，「環境・安全」を確保することを経営方針の中で公約し，安全，健康，環境面の対策を実行し，改善を図っていく自主管理活動"という自己規定を持っている．この運動は，産業公害問題が一国の問題にとどまらなくなっており，従って，その解決には国際協力が必要であること，問題の発生と原因に大きな時間的ずれがあること，加害者と被害者の関係の複雑さなどの指摘から，大きな関心を引き起こし，すぐに欧米に広まった．そして，国際化学工業協会協議会がそれを受け継ぎ，世界的な広がりを持つものとなった．日本でも，有力な化学会社の集まりである社団法人 日本化学工業協会がこれに賛同して，1990年には環境・安全についての基本方針を決めた．さらに1995年には，75の化学会社によって日本レスポンシブル・ケア協議会が発足し，2000年には110社以上が加盟して，環境・安全の問題に取り組んでいる．この考えが，国際的な機関であるISO（International Organization for Standardization：国際標準化機構）に取り入れられたのがISO 14000シリーズで，ISO 14001はその一つである．

注：ISO…1947年にスイス民法に基づいて設立された公益法人

　ISOが規格を作り，それに基づいて監査員が厳密に審査し，資格を与える．この資格は，世界中に通用する"水戸黄門の印籠"のようなもので，化学物質を取り引きするとき，この資格に合格した事業所のものであれば安心して引き取ることができる，というものである．逆に言うと，この資格を持っていないと国際的な信用がないことになり，全世界的な企業展開ができないことにつながる．世界中の事業所が管理体制を整え，この資格を取得している．大学の中にもISO 14001の認定を受けたところがある．さらには，自治体（市町村，区）などが認定を受ける場合もある．

　ISO 14000シリーズのキーワードは"トレーサビリティー（traceability）：追跡可能性"であるといわれる．Responsible Careには，扱っている化学物質の危険性についての深い知識とともに，トレーサビリティー，すなわちその物質が誰によって，いつ，どこでどのような処理を受けたかを明瞭にさせておかなければならない．記録の重要性がここにある．

2・4　危険物を取り扱う現場の管理

　危険物を取り扱うことで許可を受けている現場 —工場，研究室・実験室など— には最低1人，消防庁の行う試験に合格して**危険物取扱者**の免状を持った人がいて，作業を管理していなければならない．タンクローリーなどを運転して危険物を運搬する場合にも，免状を持った危険物取扱者がいなければならない．運転手自身がその資格を持っている場合が多い．事故が起こったときには危険物取扱者が責任をとらなければならない．

　危険物取扱者には，甲，乙，丙の3種があり，管理できる危険物の範囲が異なる．甲は扱える危険物の範囲が最も広く，乙，丙の順に範囲が狭くな

る．甲の資格は，化学実験室，多種類の化学物質を扱う化学工場を管理する人に要求される．丙の資格で扱えるのは，ガソリン，灯油，軽油，第三石油類，第四石油類，動植物油などで，タンクローリーの運転手が持っているのはこれが多い．

化学機動中隊

　化学工場，化学研究施設（大学，研究所）は，火災発生の危険性が高く，まいったん火災になると，一般の火災に使われる方法では消火できない上，元々毒性を持っていたり，また燃えて有毒物質に変化するなど，毒性に基づく危険性も大きい．

　化学薬品の災害に対応するため，消防では，毒・劇物などの危険性物質に関係する災害専門チームを編成して，万一に備えている．東京都では，平成2年（1990年）以降"化学機動中隊"が設けられていて，2003年現在，10中隊が都内で活動している．化学機動中隊は，特殊化学小隊とポンプ小隊からなり，特別な勉強をし，訓練を受けた専門研修修了者で編成されている．

　車両も特殊なもので，一般的な火災だけでなく毒・劇物，高圧ガス，放射性物質などの化学災害に対応する．車両には，赤外線ガス分析装置(140種のガス測定ができる)が組み込まれており，持ち運びできるガスクロマトグラフ—質量分析装置(7万種のガス測定ができる)も用意されている．隊員の防護服も通常のものとは違う（災害の種類によって幾種類もある）．

　支援システムとして，4万種の化学物質についての，洗浄，危険性，消火方法，応急措置容量など消火活動上必要なデータが検索できる装置が配備されている．

　消防の方々が，万一に備えて努力されておられることを紹介したが，消防にご厄介を掛けないように，万全の注意をして化学薬品を扱っていくようにしなければならない．

第3章

化学薬品の購入と保管・貯蔵

　化学関連の仕事（学校での化学実験もその一部である）に携わるようになると，化学物質をどこからか手に入れなくてはならない．化学物質（化学薬品，試薬）は，どこでどのようにして買えばよいのであろうか？　そのとき，どんなところに注意したらよいであろうか？　また，一部を使った後，残った薬品はどのように保存したらよいであろうか？　世間を騒がせた事件のいくつかは，危険な薬品（医薬品を含めて）の管理が不十分であったことによって起こっている．気体物質を含めて考えることとしよう．

3・1　化学薬品（試薬）の購入

3・1・1　化学薬品（試薬）を買うには

100年前の化学者は，研究に使う化学薬品を自分で作る必要があった．あるときは，化学者同士で贈与・交換することもあり，有名な化学者ウェーラー（Friedrich Wöhler, 1800-1882）が書いた，薬品を送ってもらったことに対する礼状も残っている．当時の化学者にとって，化学薬品は貴重なものであった．現在では，かなりの種類の化学物質は試薬業者から買うことができる．

大学の実験室で使う化学薬品（**試薬**，reagent と呼ばれる．§3・1・2参照）は，試薬を扱っている小売り業者から買う．これらの業者は注文に応じて，試薬メーカーあるいは輸入業者から取り寄せて配達してくれる（化学工場などでは会社間で直接取り引きする）．試薬を注文する前に，次のことを調べておく．

（1）　どの試薬メーカーによって売られているか．
（2）　売られているものが使用目的にあった品質（純度・不純物の含有率など）のものであるかどうか．試薬によっては，いろいろな品質のものが売られている．もちろん品質によって値段が違う．
（3）　どのくらいの値段で買えるか（いくつかのメーカーで同じ品質のものを作っているのなら安いものを選ぶ）．
（4）　どれくらいの量の化学薬品を買えばよいか．

必要な薬品が市販されているかどうかは，試薬メーカー（小売業者ではない）の試薬カタログによって調べる．現在では，数万種の試薬を買うことができる（次の品質の問題を含めて，§3・1・3を参照のこと）．

次に**品質**が問題となる．化学薬品が安心して使えるためには，**品質の保証**が必要である．これは**規格**を作ることによって行われる．化学薬品の規格には，国内的には **JIS規格**（日本工業規格）が，国際的には ISO 7000 シリー

ズがある(ISO 7000 は JIS に取り入れられつつある). これらの公的な規格は, 重要な化学薬品だけにしか設定されていないので, その他のものについては, 試薬メーカーが独自に規格を作って品質を保証している.

また, 試薬は用途によって許容される不純物の種類・含有率の範囲が変わってくる. 最近では用途に応じて作られた多種類の**用途別試薬**も売られるようになってきた.

規格(品質)のことは, もちろん, 規格書を見れば分かるのであるが, 普通の場合その必要はない. 試薬のカタログには品質と価格についての情報が簡潔に載せられている. 試薬カタログの上手な利用が勧められる.

試薬は, 500 g, 25 g の包装が一般的であるが, 100 g, 50 g, 10 g, 5 g, 1 g などの包装もある. 試薬は, 大量に買う方が割安(1 g 当たりの値段が安い)になる. しかし, 保管・貯蔵時における事故の危険性, 時間経過による劣化, 特に, 結局余ってしまって始末に困り, 廃棄しなければならないときの労力と費用を考えると, 必要最小限の薬品を買うのが利口である. 包装と値段も試薬カタログに詳しく書かれている.

3・1・2 試薬の品質—規格—

大学・研究所などで使う化学薬品は, "**試薬 (reagent)**" と呼ばれている. 試薬は, 医薬品, 工業薬品と区別する必要のある場合に用いる用語で, "化学的方法による物質の検出・定量, 物質合成の実験または物理特性の測定のために使われる化学物質で, それぞれの使用目的に即した一定品位(純度, 不純物の種類と含有率)が保証され, 少量使用に適した供給形態の化学薬品"といえる.

品質で重要なことは何だろうか? 純度 99% のものはいつでも純度 95% のものより高品質であるといえるだろうか? 試薬を買うときはいつでも使用目的を考えなければならない. そこでは, 不純物の種類と含有率が問題である. 微量のヒ素を分析するのに使うリン酸は, 99.9% の純度であっても

0.1％のヒ素を含んでいては役に立たない．逆に90％の純度でも，不純物が水であれば十分使える．品質というのは，あくまでも使用目的との関連で決まるものなのである．従って，試薬の"規格"では，純度とともに不純物の種類とその含有率の上限とを決めておかなければならない．

　品質の保証は，国が決めるJIS規格（従来あった認証試薬はJISに統合された）と，メーカーが独自に作る社内規格によってなされる．化学物質の数はほとんど無限といってよく，2000年の時点で知られているものだけでも数千万，2002年度の1年間だけでも160万以上の新種化合物が登録されている．市販で手に入れることのできるものも数万種になっている．その中でJIS規格のあるものは僅かに約500（2003年現在）である．従って，各試薬メーカーは，独自の規格を作って品質を保証しているのである．

　化学薬品にも国際規格が重要になってきた．

―――――――――

注：ISO 7000シリーズは，第2章で述べたISO 14000シリーズと違った性格の規格で，化学薬品の品質を規定するものである．

　品質の保証は，その試薬の純度の下限と，含まれる不純物の種類と含有率の上限を示すことによって行われる．また，不純物の検出定量法も規定している（このような方法で測ったとき，不純物の量がこれこれ以下という規定である）．

　一般試薬のJIS規格には，**試薬特級**，**試薬一級**があり，もちろん特級の方が純度が高いが価格も高い．メーカーの社内規格では，**A社特級**，**A社一級**あるいは，**A社GR**（guaranteed reagent），**A社EP**（extra pure）などの表示が使われる．それぞれ，JISの特級，一級に対応したものである．

　現在では，試薬の使用目的が多様化している．そこで，使用目的に応じて特定の不純物の含有量を低く押さえた**"用途別試薬"**が供給されるようにな

った．その種類は多様であって，例えば，高速液体クロマトグラフ用，アミノ酸自動分析用，アルデヒド定量用，NMR用，環境分析用，グリニャール反応用，残留農薬試験用，遺伝子組み換え用，細胞融合用などで，その種類はますます増えていくことになるだろう（これらはメーカーの規格である）．

JIS規格は，規格書が出版されていて，大学の図書館などで見ることができるので，詳しいことを調べるときはそれを見ればよい（2003年の段階で，日本工業標準調査会のホームページ http://www.jisc.go.jp/ で内容を見ることができるが，ダウンロードやコピーはできない）．

しかし，普通に実験をしている場合には規格書を見る必要はほとんどない．試薬を購入するときは，次に述べるように，試薬カタログを活用することで十分である．

3・1・3 試薬カタログの見方

JIS規格などは，細かいところまで綿密に品質を規定している．しかし，通常の実験の場合，各試薬メーカーが出している**試薬カタログ**を調べるので十分である．最近の試薬カタログは，数百ページにも及ぶもので，試薬の購入のときの参考にするだけでなく，化学物質の辞典として利用できるくらい多くの情報を含んでいる（試薬カタログをうまく利用できるのも化学者の能力の1つである）．また，試薬メーカーはインターネットにホームページを開いていて，そこで試薬の情報を知ることもできる．また，後でも述べるが，試薬のラベルもよい情報源である（ただし，試薬を買った後のことになるが）．

試薬カタログのあるページを見てみよう（**図3・1 A**）．

同じ試薬（ここではメタノール）でもいろいろな規格のものがあることが分かる．JIS規格に則った品質のものだけでなく，用途別に様々な規格の試薬が記載されている．試薬の包装量も様々なものがある．さらには，化学物質についての情報にアクセスするカギとなるCAS (Chemical Abstracts

Methanol		メタノール			
CH₃OH…32.04　危4-AL-S-Ⅱ　劇Ⅲ　労有-2　CAS No.[67-56-1]　bp 64.51℃					
d_4^{20} 0.791					
25183-03	………………………………………………	>99.8%（GC）**UGR**危	500mL	1,500	
25183-00	………………JIS K8891………………………	>99.8%（GC）特級(G)危	500mL	550	
25183-70	………………JIS K8891………………………	特級(G)危	3L	2,900	
25183-01	…………………………………………	>99.5%（GC）鹿1級Ｅ危	500mL	520	
25183-71		鹿1級Ｅ危	3L	2,700	
25183-83	………………………………………	>99.8%（GC）工業用Ｍ	14kg	☆	
25183-78	………………>99.8%（GC）**PCB**分析用(300倍濃縮)危		1L	3,100	
25185-96	……………………	>99.8%（GC）水質試験用危	200mL	1,600	
25183-84	……………>99.8%（GC）大量分取液体クロマトグラフィー用		3L×2	☆	
25183-09	……………………>99.6%（GC）ペプチド合成用危		500mL	870	
25183-1B	…………>99.7%（GC）高速液体クロマトグラフィー用危		1L	1,200	
6002-1B	………………………	>99.7%（GC）分光分析用危	500mL	1,800	
6000-1B	………………………	>99.7%（GC）けい光分析用危	500mL	3,300	
6011-7B	……>99.8%（GC）残留農薬試験・**PCB**試験用(3000倍濃縮)危		1L	2,000	
25184-76	………>99.8%（GC）ダイオキシン類分析用(1万倍濃縮)危		3L	5,800	
25184-72	………………………………	フタル酸エステル試験用危	1L	2,700	
6038-1M	Ｍ　　(1.06038.0200) >99.8%（GC）アミノ酸配列分析用		200mL	5,000	

図3・1A　試薬カタログの例（関東化学株式会社「The Index of Laboratory Chemicals 22 nd edition」, 2002 より）

```
27,070-9  Benzene, 99.9+%, HPLC grade [71-43-2] C₆H₆ FW 78.11 mp 5.5° bp 80° n₀²⁰ 1.5010   100mL   1,000
   ★       d 0.874 Fp 12°F(-11°C) Beil. 5,179 Merck Index 13,1066 FT-NMR 1(2),1A         1L      1,500
           FT-IR 1(1),931A Safety 2,349A R&S 1(1),1129A RTECS# CY1400000                 6x1L    8,400
           CANCER SUSPECT AGENT   FLAMMABLE LIQUID                                        2L      2,600
           (Packaged under nitrogen, bottles are Sealed for Quality™)                    4x2L    8,400
           Max. U.V. Abs. (1 cm. cell - vs. H₂O)                                          4x4L   15,100
           λ(nm)   400-350  330    300    290    280
           A         0.01   0.02   0.06   0.15   1.0
           Water <0.05%            Evapn. residue <0.0005%
```

図3・1B　試薬カタログの例（シグマアルドリッチジャパン株式会社「2003-2004 アルドリッチ総合カタログ」, 2003 より）価格はカタログ発行時のもの

Service) の登録番号（詳しいことは§7・2, 7・3参照）や危険性（毒性，引火性など）を示す表示も載せられている．

　図3・1Bの試薬メーカーのカタログはさながら一種の化合物辞典である．CASの登録番号のほかに，有機化合物の情報を集積した "Beilstein（バイルシュタイン）"（詳しいことは§7・2, 7・3参照）の該当ページ，さらには，物質の同定に必要な物理的性質（融点，スペクトルデータ）までもが，簡潔ではあるが記載されている．

3・1・4　試薬ラベルの読み方

　試薬を手に入れた後は，試薬びんに貼ってあるラベルから得られる情報が

3・1 化学薬品（試薬）の購入　21

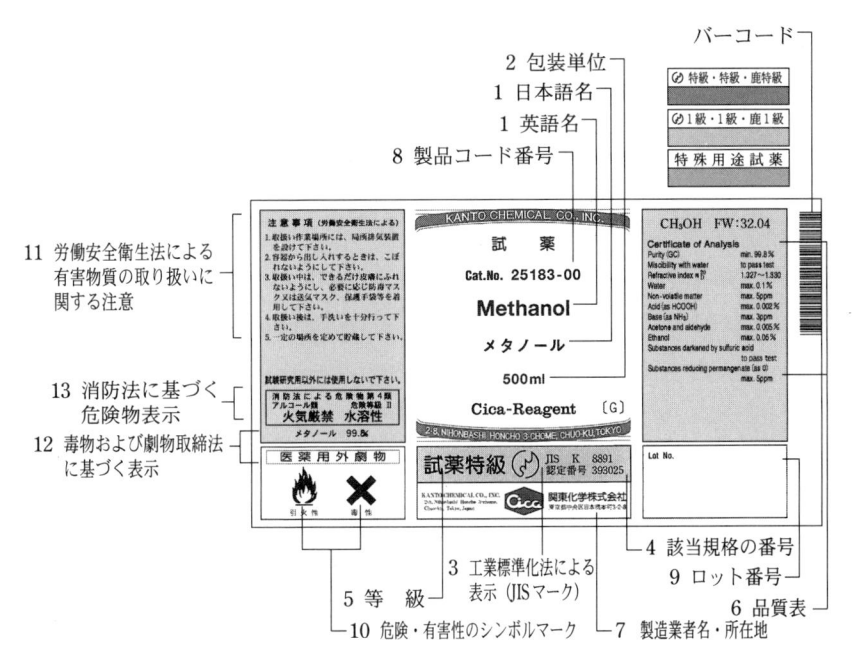

図 3・2 試薬のラベルの見本（関東化学株式会社「The Index of Laboratory Chemicals 22nd edition」，2002 より）

貴重である．試薬のラベルには大切な情報が詰められている．図 3・2 は JIS 特級試薬メタノールにつけられたラベルである．ここには，次のような情報が含まれている．

1　名称（日本語名，英語名）
2　包装単位
3　JIS マーク
4　該当規格の番号
5　等級
6　品質表：主な不純物の種類とその含有率が書かれている
7　製造業者名・所在地

8 製品コード番号
9 ロット番号：どの工場で，いつ作られたかを示す番号
10 危険・有害性のシンボルマーク
11 労働安全衛生法による有害物質の取り扱いに関する注意
12 毒物および劇物取締法に基づく表示
13 消防法に基づく危険物表示

ここで特に注目したいのは9の**ロット番号**（図3・2では，見本なので空欄になっている）である．これは，どの工場で，いつ作られたかを示すものである．試薬は，少量生産で，バッチ法（反応釜で一回一回作られる）で作られることが多い．そのときそのときで，製品にむらがでる．そのため，同じ会社の製品でも，違うロットのものを使うと実験結果が違ってくることもある．そのようなとき，ロット番号を手掛かりにメーカーに問い合わせると，異常現象の原因を解明することができたりする．

10～13の危険性，取り扱い上の注意は，薬品の使用，保管・貯蔵に役立つ．

3・2　化学薬品の保管・貯蔵

3・2・1　化学薬品を貯蔵するときの注意

購入した試薬はすぐに使うわけではない．しばらくは保管・貯蔵する必要がある．また，試薬を買うときには使う分だけにして余分なものを買わないようにするのが原則であるが，どうしても使い残りがでる．これも保管・貯蔵しておかなければならない．

化学薬品の保管場所は，**薬品貯蔵庫**と実験室の**薬品戸棚**である．薬品貯蔵庫は，安全を考慮して特別に設計されたもので，毒物・危険物などをかなりの量保管することができるが，実験のたびにいちいちそこまで取りに行かな

3・2 化学薬品の保管・貯蔵

ければならないのでは不便である．そこで，実験室の中の薬品戸棚に，日常使う薬品を少量置いておく．実験室は火なども使うので，薬品の管理には細心の注意が必要である．試薬の保管・貯蔵について注意しなければならないのは次のことであろう．

1. 毒物，劇物（特に法律で指定されているもの）は鍵のかかる保管庫に厳重に貯蔵しなければならない．その際，薬品の出入りをその都度記帳する．
2. 可燃物などは，消防法の規定を守って，その部屋で保管・貯蔵できる数量を超えないようにしなければならない．また，地震などの災害時に容器が破損して，内容物が接触したときに発火するなどの危険性のあるもの同士は，近くに置いておかないようにする（**混載の禁止**）．

試薬戸棚についての大事な注意は次のようなものである．
　不燃性の材料で作られたものを用いる．
　地震などで倒れないように，壁・柱などに固定する．
　戸棚の棚を固定し，試薬容器の転落を防ぐための防護柵を設ける．
　戸棚は常に閉じておく．
　戸棚の扉が振動などで開かないようにしておく（観音開きより引き違い戸のもののほうがよい）．

試薬戸棚の中でも，試薬容器は，1本ごとのセパレート式収納ケースに入れて固定することが望ましい（**図3・3**）．

化学薬品を保管・貯蔵するとき，ラベルはしっかりと付け，決して剥がれないようにしておくことが必要である．長期間試薬を貯蔵しておくと，試薬びんからでる腐食性物質のためラベルが傷んでぼろぼろになり，剥がれてしまったり字が読めないような状態になったりする．中身の分からない化学物質ほど始末の悪いものはない．使うことはもちろんできないし，捨てるにもどのように処置して，どの分類で捨てていいのか分からない．結局，最も高

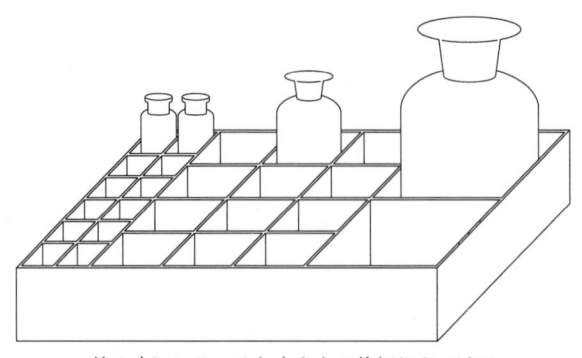

箱の中にいろいろな大きさの仕切りをつけて
試薬びんをはめ込む

図 3・3　セパレート式収納ケース

い危険性を想定して処置することになるので，大きな労力と高いコストを払わねばならない．時々，試薬棚を整理し，危ない状態になっているラベルを補修することが必要であろう．

　貯蔵中の試薬の劣化も大きな問題である．劣化は，酸化によることが多い（他に水・湿気による劣化もある）．有機化合物は，多かれ少なかれ酸化に弱い．特に光と酸素が組み合わさると酸化が著しい．酸化は単に純度を下げるだけでなく，過酸化物の生成によって爆発の危険性をも生み出す．夏休みの間，日の当たるところに保管されていたジエチルエーテルを，秋口になって蒸留していて爆発を起こしたという事故はよくあることである．

注：蒸留フラスコにジエチルエーテルが残っている限り爆発しない．爆発はジエチルエーテルが蒸発し切って，フラスコが乾燥状態になったときに起こる．過酸化物の生成が心配されるようなときには，蒸留前に還元剤で処理して，過酸化物を還元分解しておくとよい．

化学薬品の劣化を防ぐ一般的な方法は，温度が低く，光が当たらず，酸素ガスに触れないような（真空にしておいたり，窒素やアルゴンのような不活性ガスでびんの空間を満たしておく）所に保存することである．

3・2・2 消防法による規制

有機溶媒などの可燃性の化学薬品は，実験室に常備されている．いったん火災が起こったときは，これらに引火すると大惨事になる危険性がある．そこで，実験室にある可燃物質の量が多くなりすぎないように，絶えず注意していなければならないことになる．また，貯蔵する薬品の配置にも注意して，地震などの災害で試薬びんが破損し，近くにあった物質が混合・反応して発火するというようなことが起こらないように十分配慮しておかなければならない．

ここでは，**消防法**の規則を守ることが基本である．また，§2・4でも触れたように，危険物を扱う現場には，**危険物取扱者**がいて，全体の管理をしているはずである．危険物取扱者は，現場全体が法律に適合した状況にあるように，適切に管理・指導する．一人一人の学生・技術者・研究者は危険物取扱者とよく連絡をとり，その指導の下に，法律に適合した作業で安全に仕事を進めなければならない．

可燃物は，法律で一つの建物（防火区画）に置くことのできる量が制限されているので，その規定をよく理解し，法律に適合した量以下にしておかなければならない．法律では，可燃性物質の**保管限度量**についての計算式が規定されている．この式についての理解を深めよう．

消防法に基づく化学薬品の貯蔵に関する基本的な考え方をまとめておこう．

(1) 規制対象になる物質の分類と指定

消防法では，化学物質による火災の原因を6種に分類し，それぞれに属する物質を指定している．

第1類	酸化性固体	有機物質などを酸化して爆発・発熱・発火の危険
第2類	可燃性固体	自身が酸素などと反応して発熱・発火の危険
第3類	自然発火性物質及び禁水性物質	空気に触れたり，水に触れたりすると反応し，爆発・発熱・発火の危険
第4類	引火性液体	近くに火気があると引火する危険
第5類	自己反応性物質	自身が反応し爆発・発火する危険
第6類	酸化性液体	有機物質などを酸化して爆発・発熱・発火の危険

これらに属する化学物質の例を，(2)に述べる指定数量とともに表3・1に示す．

(2) **指定数量**

消防法では，危険物を分類・指定した上で，一つの建物（防火区画）に貯蔵できる最大数量を各類ごとに決め，それを指定数量と呼ぶ．各類に分類されている化学物質は何種類もあるので，その全てを加算したものが，貯蔵できる最大量になる．

消防法では，**防火区画**（大学などの建物では，床面積1500 m²ごとに，防火扉で区画を作り万一の場合でも火災が広がらないようにしてある）ごとに収容できる化学物質の最大量を**指定数量**としている．しかし，大学・研究所では，比較的小さい実験室が数多くあるので，全体で規制するのが難しい．そこで，自治体は条例を作ってこのような場合に対処している．すなわち，一つ一つの実験室が防火壁で区画されており開口部がなければ（2つの部屋の間に通り抜けがなければ），一つ一つの実験室を独立なものとみなし，そ

3・2 化学薬品の保管・貯蔵

表 3・1 消防法による危険物の類別と指定数量

		消防法で決められた1防火区画当たりの指定数量	自治体の条例で決められた1実験室当たりの指定数量
第1類	塩素酸塩類, 過塩素酸類, 過酸化物	50 kg	10 kg
	硝酸塩類, 過マンガン酸塩類	1000 kg	200 kg
第2類	黄リン	20 kg	4 kg
	赤リン	50 kg	10 kg
	硫黄	100 kg	20 kg
	金属粉 A	500 kg	100 kg
	金属粉 B	500 kg	100 kg
第3類	アルカリ金属, アルカリ土類金属, 有機金属化合物	10 kg	2 kg
	金属の水素化物	50 kg	10 kg
	炭化カルシウム	300 kg	60 kg
	生石灰	500 kg	100 kg
第4類	特殊引火類 (ジエチルエーテル, ペンタン)	50 L	10 L
	第一石油類 非水溶性液体 (ガソリン, ベンゼン)	200 L	40 L
	水溶性液体 (アセトン, ピリジン)	400 L	80 L
	アルコール類 (エタノール, メタノール)	400 L	80 L
	第二石油類 非水溶性液体 (灯油, 軽油, キシレン)	1000 L	200 L
	水溶性液体 (酢酸, アクリル酸)	2000 L	400 L
	第三石油類 (重油, アニリン)	2000 L	400 L
	第四石油類	3000 L	600 L
	動植物油類	3000 L	600 L
第5類	硝酸エステル類	10 kg	2 kg
	ニトロ化合物	200 kg	40 kg
第6類	発煙硝酸, 発煙硫酸, 無水硫酸	80 kg	16 kg
	濃硝酸, 濃硫酸	200 kg	40 kg

れぞれの指定数量を 1/5 にして，化学物質の保管・貯蔵を許すというものである．

注：指定数量以上の危険物を取り扱わねばならないことも起こる．この場合は，法規に則った耐火・不燃構造の施設を作り，許可を得て作業しなければならない（施設にその表示をする）．

　実験室の一つ一つを法規に適合した構造に作り，許可を受ければ，指定数量までの危険物を取り扱うことができるようになる．大学・研究機関の中にもこのような実験室が増えている．

　同じ類に属する化学物質はたくさんあり，物質によって指定数量が違う．そのようなとき，一つ一つの物質について，**"貯蔵量/指定数量"** を計算し，全物質の和が 1 以下になるようにしないといけない．すなわち，

$$\Sigma \frac{\text{ある物質の貯蔵量}}{\text{その物質の指定数量}} < 1$$

となるようにする．

　例えば，一つの実験室に第 4 類のものとして，ジエチルエーテル 2 L，ヘキサン 4 L，ベンゼン 5 L，アセトン 4 L，エタノール 10 L，メタノール 20 L，酢酸 500 mL，アニリン 500 mL が貯蔵されているとする．これは合法であろうか？

注：体積の単位リットルは国際的なとりきめで l でなく L で書くことになっている．

　それぞれの貯蔵量を指定数量で割る．ジエチルエーテル 2 L を特殊引火類の指定数量（実験室なので消防法で決められた指定数量の 1/5）10 L で割ると，0.2 となる．以下同様に，

ヘキサンは第一石油類（指定数量 40 L）　　$4/40 = 0.1$
　　　ベンゼン　　　　　　　　　　　　　$5/40 = 0.125$
　　　アセトン　　　　　　　　　　　　　$4/80 = 0.05$
　　　エタノール　　　　　　　　　　　　$10/80 = 0.125$
　　　メタノール　　　　　　　　　　　　$20/80 = 0.250$
　　　酢酸　　　　　　　　　　　　　　　$0.5/400 = 0.00125$
　　　アニリン　　　　　　　　　　　　　$0.5/400 = 0.00125$

これら全てを加えると 0.8525．

0.8525 は 1 より小さいので条例を守っていることになる．

同じような計算を各類について行い，全ての類で貯蔵量を指定数量で割ったものの和が 1 より小さくなるようにする．

指定数量を超えるような場合には，実験室とは別に作った貯蔵施設に保管する．**貯蔵施設**は，防火構造で作り（以前は，独立した建物として作ることが義務付けられていたが，規制緩和で，実験室のある建物の中にも設置することができるようになった），消防署の許可を得て使用する．貯蔵できる量は，（消防法の）指定数量を超えることができる（ただし独立した建物でない場合には指定数量の 20 倍まで）．大量に使用する有機溶媒などは，貯蔵施設に保管し，必要な量を小出しにして実験室に持ってくる．

（3）　混載の禁止

化学実験室が地震に見舞われたりすると，試薬びんが落ちて割れ，化学物質が混合して反応を起こす危険がある．地震のような天災でなくても，不注意で薬品戸棚の試薬びんを壊してしまうこともあるだろう．そんなときに，近くにある薬品が反応して火事が起こる危険がある．それを防ぐためには，激しく反応して熱を出すような物を離して置くのがよい（混載の禁止）．消防法では，**図 3・4** で×をつけた組み合わせのものの混載を禁止している．

	第1類	第2類	第3類	第4類	第5類	第6類
第 1 類		×	×	×	×	○
第 2 類	×		×	○	○	×
第 3 類	×	×		○	×	×
第 4 類	×	○	○		○	×
第 5 類	×	○	×	○		×
第 6 類	○	×	×	×	×	

備考：×印は，混載することを禁止する印である．
○印は，混載にさしつかえない印である．
この表は，指定数量の $\frac{1}{10}$ 以下の危険物については，適用しない．

図3・4 混載の危険性

3・3 高圧ガス，低温液化ガスの購入と貯蔵

3・3・1 高圧ガスと低温液化ガス

　化学薬品は，ガラスやプラスチックのびんに入れられた固体，液体物質だけではない．圧力容器（ボンベ）に入れられた気体も立派な化学薬品である．スプレー式のプラスチック容器に入れられたガス類も化学実験の材料である．さらには，液体窒素や液体酸素も実験によく使われる．これらは，高圧あるいは低温であるために，一般の化学薬品にはない危険性が生まれてくる．これらに共通していることは，大気中で著しく体積を増すことで，爆発だけでなく，酸素欠乏による危険性をも持ち合わせていることである．化学者にとって，これらの危険性を知り，その取り扱いに習熟することは必要不可欠である．

3・3・2 気体物質の購入と貯蔵

気体物質は圧力容器に入って売られている．圧力容器は鉄製で重い**ボンベ**から，小さなプラスチック製のものまでいろいろある．

重要なもの（水素，窒素，酸素など）の品質については，JISの規格がある．危険物には法律の規制がある．毒・劇物，爆発性・発火性の危険物質は，毒物及び劇物取締法，消防法などによって規制されている．また，労働安全衛生法や化審法によって規制されている物質も多い．これらの規制は一般の試薬と同じであるが，ボンベに詰まった気体物質は，内容物の危険性（毒性，爆発性，燃焼性など）の他に，高圧であることによる物理的な危険性に注意しなければならない．従って，「高圧ガス保安法」の規制も受ける．さらに，運搬時における危険性が，一般の化学薬品に比べて大きいので，「航空法」，「危険物船舶運送及び貯蔵規則」などに規制のあるものが多い（必要な場面でよく法律を研究する必要がある）．

3・3・3 高圧ガスの危険性

ボンベの圧力は，一般には満杯にして150気圧までである．150気圧は大いに危険であるが，1気圧程度の圧力差でもかなりの危険性がある（特にガラス器具を使っているとき）．1気圧では，1 cm^2 当たりにかかる力は1 kg重で，かなり大きな力である（圧力の高い方だけが強調されがちであるが，減圧の危険性についても注意したい．水流ポンプで容易に作れる，20 mmHg (25 hPa) のものにかかる圧力はほとんど1気圧である！）．1気圧でもかなりの大きさなのだから，100気圧の危険性は想像できるだろう．万一いっぱいに詰まった窒素ガスのボンベの口が破損し，気体が勢いよく噴出したとすれば，それはロケットと同じことで，鉄製の重いボンベが走り出す．危険性は計り知れない．

ボンベは，高圧ガス取締法によって，3年に1度耐圧試験を受け安全性を確かめなければならない．その証明書が**"容器証明書"**である．運転免許証

と同じように，提示を求められたときには，ボンベの持ち主はいつでも"容器証明書"を差し出さなければならない．ボンベと"容器証明書"の保管（更新を含めて）は大変な気遣いを必要とする．そこで，大学などでは，自身のボンベを持たず，高圧ガス販売業者のボンベを借りて仕事をすることが多い．ボンベについての重要な情報は，ボンベの首に近いところに刻印されている．

引火の危険性についても，液体物質と圧力容器に入った気体物質では状況が少し異なる．ボンベから水素ガスが吹き出して引火したような場合（火気を近づけなくても，少量の金属触媒が付着しただけで発火する）を考えると，その恐ろしさが想像できるだろう．

加圧気体では，内容物が漏れたときの危険を常に考慮していなければならない．例えば，バルブの閉め方が悪くて，150気圧に詰まった容量10 Lの水素ガスが一晩で流れ出してしまったというようなことが起こる．それがどの程度危険かを見ておこう．

水素ガスは空気と混じって"爆鳴気"になる危険性がある．今，間口2 m，高さ2 m，奥行き3 mの実験室に，10 Lのボンベに150気圧で詰まった水素ガスが漏れ出してしまったとしよう．体積12 m^3 の部屋の中に1.5 m^3（体積百分率 12.5%）の水素ガスが混じったことになる．水素と空気の混合物の爆発範囲は4.0〜75.6%なので，ほとんど確実に爆発する．

注：この計算は水素と空気が均一に混じった場合について行ったものであるが，水素は軽くて部屋の上方にたまる．部屋の一部でも爆発範囲にあれば爆発するので，少量の水素の漏洩も危険である．

従って，水素，メタン，プロパンのように，空気との混合で爆発の危険がある気体のボンベは，密閉した部屋の中で扱うべきではない．空気の流通が

よい半戸外にボンベを置き，そこからパイプラインを通して実験室にガスを導入することが勧められる（これとても，配管の途中でガス漏れがあってはもっと危険である）．

毒性，爆発・発火・引火などの危険性の他に，窒素のように無害に見える気体でも，大量に漏れれば酸素欠乏による窒息の危険性があることにも注意しよう（§3・3・5参照）．

高圧ガス（その容器）は，幾つかの観点から分類される．内容物の性質をよく知って，適切な保管・貯蔵，使用をしなければならない．

一つの観点は，内容物が気体だけなのか，大部分が液体になっているかの違いである．水素，窒素，酸素，アルゴン，ヘリウムなどは室温で高圧にしても気体のままである（圧縮気体：高圧容器の中身が全て気体であって，それが圧縮された状態であるもの）．一方，プロパン，二酸化炭素，アンモニアなどは，室温でも高圧にすると液化する．これが，液化ガスである．内容の大部分が液体になっているので，大量の物質が入れられる．また，圧力は一定以上あがらないので，圧縮気体の場合ほど高くはならない（ボンベの強度が圧縮気体の場合よりも小さくてもよい）．

もう一つの視点は，科学的，生物的な危険性である．ボンベで売られている気体物質にも危険物質は多い．固体，液体のものより気体物質は危険性が高いので，取り扱いには特別な装置（例えばフード）や注意が必要である．気体はボンベから解放されると四方八方に拡散する．毒性気体による中毒の危険は，固体・液体のものに比べて遙かに大きい．発火・引火のときの火の広がりの速さ，空気と混合したときの爆発の危険性なども固体・液体物質より高い．

引火性のものに，水素，メタン，エチレン，アセチレンなどがある．これらは，空気と混合して火気によって爆発するものが多い．爆発の起こる混合比は，広い範囲にわたるので注意が必要である．高い毒性を持つものに塩素，硫化水素，一酸化炭素など，腐食性のものに塩素，アンモニアなどがある．

3・3・4　ボンベの構造と取り扱い

　ボンベは，胴体部分と，気体の取り出し口となる容器弁からできている．容器弁には，圧力調整器を取り付けて使用する．容器弁と圧力調整器は繊細な構造をしているので，破損することのないよう，特に注意する．ここが破損すると，高圧ガスが吹き出し危険である．破損は，ボンベが倒れたとき（地震のときを含めて），容器と圧力調整器とを接続するとき，容器弁や圧力調整器の取り扱いで不適切な操作があったときに起こりやすい．そのため，ボンベは，地震のときでも倒れることのないようにしっかり固定しておく．ボンベ，圧力調整器はその構造をよく理解し，安全に取り扱わなければならない．

　具体的なことは，実験指導書について見られたい．

3・3・5　低温液化ガス

　厳密な意味で化学薬品とは言い難いが，冷却剤として液体窒素，液体酸素，液体ヘリウムなどを使うことが多い．これらは，低温による障害の危険性を持つばかりでなく，窒素などでは酸欠（窒息）の危険，酸素では有機物と触れて爆発や発火の危険に注意しなければならない．

注：液体物質は，気体になると著しく体積を増すことを認識すべきである．窒素による酸欠の危険性について考えてみよう．大気中の酸素濃度は21%であるが，これが18%になると脈拍が増加し，頭痛・嘔吐・昏睡などの症状が現れ，6%以下になると一呼吸するだけで瞬時に呼吸が停止するといわれている．いま，$2m \times 2m \times 1m = 4m^3$の部屋の酸素濃度が6%になるのは，液体窒素がどれくらいこぼれたときなのか，ごく大ざっぱにではあるが計算してみよう．

　それは，空気の6/21が残って，あとの15/21が液体窒素からの窒素ガスによって占められたときである．その場合の液体窒素からの窒素ガスの体積は，

$$4.00 \text{ m}^3 \times \frac{15}{21} = 2.86 \text{ m}^3 = 2.86 \times 10^3 \text{ L}$$

2.86 m^3（300 K，1気圧）の窒素ガスの物質量 n は，

$$n = \frac{2.86 \times 10^3 [\text{L}] \times 1.00 [\text{atm}]}{300 [\text{K}] \times 0.082 [\text{atm L mol}^{-1} \text{K}^{-1}]} = 116 \text{ mol}$$

116 mol の N_2 の質量は，116 mol × 28 g mol^{-1} = 3248 g

液体窒素の密度は 0.80 g/mL なので，3248 g の液体窒素の体積は，

$$\frac{3248 [\text{g}]}{0.80 [\text{g/mL}]} = 4060 \text{ mL} = 4.1 \text{ L}$$

計算の結果は，4.1 L である．エレベーター内で 4 L の液体窒素を入れたジュワーびんが壊れると，エレベーターに乗っていた人は即死してしまう．これとても，気体がエレベーターの箱内で均一に混じった場合の計算である．事故のときには局所的に N_2 濃度が高くなり危険な場所もできるだろう．そのような状況は 4 L より少ない液体窒素をこぼすことで起こってしまう．エレベーターや閉め切った部屋の中で液体窒素の容器を壊したときの危険性がよく理解できるであろう．

液体酸素は有機物と触れて爆発的に反応することがある（この事故による死亡例が知られている）．この危険性を避けるために液体窒素が使われるのであるが，この場合も次のような注意が必要である．酸素は窒素より沸点が高いので，液体窒素は空気中の酸素を液体にして液体窒素の中に溶かしてしまう．その上，窒素が先に蒸発し酸素が後に残るので，液体窒素を使い終わった後のジュワーびんには液体酸素がたまってしまう危険性がある（液体酸素は青色をしているので視覚的に分かる）．

化学薬品の規格

19世紀までの化学者は，薬局で手に入る薬品を除き，必要な多くの試薬を台所を改造した実験室で（あるいは台所そのもので）自分で作らなければならなかった．化学者の手紙の中にも，試薬を分けてもらう依頼の手紙やその礼状が残っている．

化学工業の発展に伴って，化学薬品が市販されるようになった．化学工業を主導していたドイツのメルク社は，薬局から脱皮して，製薬・試薬製造会社に発展した．試薬にとって重要なのは，品質に対する信頼性である．1888年メルク社のカラシュによって「化学試薬の純度に関する試験」が出版され，これが現在のMerck Indexにつながっている．

森永ヒ素ミルク事件

薬品に含まれていた不純物が悲惨な社会問題を起こした例の一つに，1955年に起こった森永ヒ素ミルク事件があった．粉ミルクに添加した，リン酸ナトリウムに含まれていたヒ素による中毒で，多数の乳幼児が死亡した事件である．粉ミルクに少量加えた添加剤のそのまた不純物であるから，ごく僅かの量の毒物が悲惨な結果を引き起こしたことになる．化学薬品の品質（不純物の種類と含有率）の管理がきちんとしていなければならないことを教えてくれる例である．この事故の原因は，通常は薬品会社から仕入れた規格品を用いるのを，安価だからというので，工業用の再生リン酸ナトリウムを使ってしまったことにあったという．

第4章

化学薬品の使用

　化学薬品は，それを使用している場合に最も事故が起こりやすい．事故が起こらないように，その上，目的を達成するのに最も効率的に（収率，時間，労力，費用など）仕事をすることは，化学の専門家の資質として最も重要なことである．それには，実験計画から廃棄物の処理に至るまで，綿密な計画が必要である．実験に際しては，安全確保のためにも，また研究結果の解析のためにも，克明な記録が要求される．

4・1　化学薬品の使用計画

　化学薬品を使用する実験の計画を立てる段階で，目的に到達する経路がいくつかある場合には，事前に慎重に検討し，最もよい方法を選ぶ．選定の基準になるのは，次のようなものであろう．

　1　自分の持っている技術・装置で実行できる
　2　高い効率（収率，時間，労力）でできる
　3　実験中の危険性が少ない
　4　環境に悪い影響を与えない（有害な廃棄物が出ないか，少量である）
　5　最も安い費用でできる

　ここでは，技術力，経済性，安全性がバランスよく考慮されなければならない．安全性に関しては，使用中の安全性（作業者，環境）だけでなく，廃棄物として捨てられるまでの環境に対する安全性をも考えておかなければならない．廃棄物に関しては，反応物だけでなく溶媒にも注意を向けよう．溶媒には危険性が指摘されているものが多い．従来多量に使われていたものでも，毒性のために，使用が禁止あるいは制限されているものもある．溶媒を使わなければならないときは，できるだけ少量の，廃棄しやすい溶媒を用いる．

4・2　化学薬品使用前のチェック

　専門家として，化学物質を用いる機会は多面的である．物性などを測定する場合，他の物質への変換（合成）の原料として使う場合，分析用の試薬として用いる場合など様々である．

　ここではまず，物質とその純度を確認することの重要性を指摘しておこう．簡単な合成などの場合を除き，原則として，化学薬品は使用前に物質の確認と純度についてのテストをしておくべきである．特に，使い残しの古い

ものを用いるときなど，変質のチェックは不可欠であろう．純度が不足しているときは，蒸留，再結晶などによって精製する．

物質の同定とその純度の確認は，物質の融点・沸点の測定でもよいし，NMRなどのスペクトルの測定でもよい．NMRは不純物の種類やその含有率についての情報を与えてくれるので，特に有用である．

使用前にこのようなチェックを行っておくことで，安心して次の実験が行えるし，異常な現象が起きたときにその原因の解明にも役立つ．

4・3　化学薬品を使用するときの注意

化学薬品を使って反応などを実行するときの注意は，一にも二にも"**安全**"に尽きる．まず，実験者自身，次に周囲の人，環境などに配慮して安全に実験することである．実験者は，化学反応の進行に絶えず気を配り，決して反応を仕掛けたまま食事や遊びに行ったりしてはならない．

爆発が起こったとき，たまたま席を外していて難を逃れたという実例もよく聞く．そういうこともあるだろうが，爆発の前には何らかの予兆がある．反応をよく見張っていれば気がつくことが多い．1秒あるかないかのきわどいところだが，その間に逃げて助かることができる．

細かいことになるが，化学薬品を実際に使うときの"作法"を箇条書きにしておこう．要は，**化学薬品をこぼさず，汚さず，要領よく操作をすること**である．これは案外難しい．よい習慣は早いうちに身に付けておこう．

1　薬品を試薬びんから取り出すときには，きれいな薬さじを使って必要な量だけ取り出す．爆発性のものの中には，金属の薬さじと触れて爆発を起こすものもあるので注意する．そのようなときはプラスチック製のものを用いる．

2　薬品を秤量するときには，できるだけガラス製のはかりびん，小さなビーカーなどを用い，薬包紙は極力使わないようにする．天秤の皿を汚

はかりびん

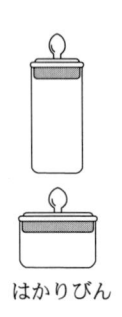

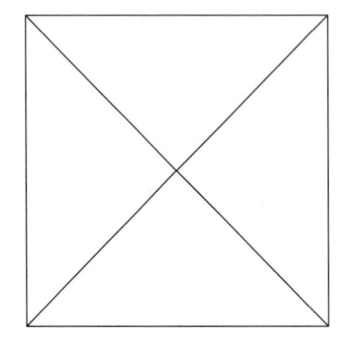

薬包紙を使う場合は，同じ側に対角線方向に折目をつけ，真中に凹みをつくる．

図4・1 はかりびん，薬包紙の折り方

すことは絶対にしない．特に吸湿性で腐食性の水酸化ナトリウムなどには注意が必要である．

薬包紙を使うと天秤の皿が汚れやすい上，秤量中に湿気を吸って重さが変わる．どうしても薬包紙の上で秤量したいときには，薬包紙を対角線で十字に折って置いて，中央に窪みを作り，そこに薬品を集める（図4・1）．

少量のものを量るには，アルミホイルが便利に使えることがある．

3 試薬びんを傾けて薬品を取り出すときには，ラベルを上側にし，万一薬品がびんの表面を汚すようなことがあっても，ラベルに傷が付かないようにする．

4 薬品は余っても元に戻さない（試薬の汚れを防ぐ）．

5 薬品を取り出した後，試薬びんは速やかにふたをする．酸化に弱いものの場合には，アルゴンなどで置換することもある．

4・4 実験ノートの取り方

実験中の記録は非常に大切である．実験ノートを克明に取ることは，目の前で起こっている，これまで見落とされてきた面白い現象の発見につながるかも知れない．そればかりではない．法律や自主規制（§2・2及び§2・3

参照）で詳しい記録が要求されるようになってきた．

　とは言っても，忙しく手を動かしている最中に的確に記録を取ることは難しい．そこで，実験前の準備（実験ノート記録のための準備を含む）と習練が必要である．初学者（学部学生）の練習実験などから，的確に記録を取る習慣と，記録を取る技術の向上に努力すべきであろう．

　実験ノートの重要性は，いくら強調してもしすぎることはない．ここでは，筆者が先に書いた『杉森 彰，化学をとらえ直す―多面的なものの見方と考え方―，裳華房（2000）』の第5章の一部を再掲して，記録の重要性を示すエピソードと，実験記録の一つのモデルを提示したい．

＜実験ノートの1例＞
　実験ノートの取り方には，色々な方式が考えられ，各々が"好み"にあった方法でやればよいのだが，筆者がドイツのマックスプランク光化学研究所（Max-Planck Institut für Strahlenchemie）に留学していたとき，この研究所で採用されていた方式が参考になると思われるので紹介しよう．

　実験ノートは，「後から誰が見ても分かるように」書かれていなければならない．特に，外国からの留学生が多く（彼らは1，2年で帰ってしまうので），留学生が居なくなってしまってから実験データを吟味する必要の多い研究所では，一定の書式（フォーマット）で実験ノートを取ることが強制されていた．

　そういった規則の中で，合理的で，是非真似したいと思われることを書いておこう．

　化学の研究は物質の性質を扱うことが多い．物質は誰が作っても同じというわけにはいかない．作った人，原料，方法，または日々のコンディションによって，不純物の種類や含有率が違っていたりして，それを用いて出した物理的性質（スペクトルを含む）や反応が微妙に違ってくることがある．そこで，使用した物質が，いつ・誰によって作られたか（どういう物を購入し

たか）明確にし，またそれを使って測定されたデータとは常に結び付けられていなくてはならない．その中心となるのが実験ノートであり，次に示すようなシステムになっている．

全ての人の実験ノートは記号と数字で整理され，さらに一冊のノートにはきちんとページを打っておく．例えば筆者の場合なら，SGM-02-077-01 で図 4・2 のような情報を表すことができる．

SGM-02-077-01

- 杉森を表す略号
- 杉森の使った2番目のノート
- そのノートの 77 ページ
- そのページに記載されている一番目の物質

図 4・2　実験ノートとの関連で試料に与える番号

この SGM-02-077-01 は，スペクトルのチャート，次の反応の原料の記載など，それを使って行われた全ての実験ごとに書き留めておかなければならない．もちろん，その物質を入れた試薬びんにも次のようなラベルを貼っておく（図 4・3）．

- SGM-02-077-01　← サンプル番号
- Triphenylmethanol　← 化合物名
- Mp．160.5-161.5 ℃　← 測定された融点（沸点）
- 1999-9-9　← 合成した日
- A. Sugimori　← 合成した人

図 4・3　合成した化合物を収めたびんに貼るラベル

一つのびんには，同じ化合物だからといって後から合成（あるいは精製）した試料を入れてはならない．使った原料，反応条件によって，純度や不純

物の種類，量が微妙に違って，思いがけないことが起こることがあるからである．歴史の違う試料を合わせて使わなければならないとき（少量ずつでしか合成できなくて，それを使ってたくさんの実験をやらなければならないときなど）は，全体を集めて，再結晶なり蒸留なりをして精製して使う．

ページは見開き2ページを単位として，実験中は左側のページしか使わず，右ページはデータの処理，スペクトル（縮小コピーしたもの）など，後から付け加えるもののために空けておくことになっていたが，これも合理的だと思う．実験ノートは，小さなB5判より大きなA4判の方がよいだろう．その方が，スペクトルチャートなどを貼るのに便利である．p.44, 45に，このような実験ノートの1例を示そう．例は，学生諸君が有機化学の実験で実習する，グリニャール反応によるトリフェニルメタノールの合成である．

ベンゼンの精製

ベンゼンは，毒性が強いので使用が避けられることが多いが，化学物質の基本であることには間違いがない．

石油化学が発展する前の1960年代までは，ベンゼンを用いて精密な実験をするためには，ベンゼンの精製をしなければならなかった．石炭の乾留（製鉄用コークスの製造）で作られるベンゼンは，数パーセントのチオフェンを含んでいて，沸点が近いので蒸留では取り除けなかったのである．ベンゼンからのチオフェンの除去は，分液漏斗で濃硫酸と何回も振るというもので，労力ばかりかかって，きれいなベンゼンはたいして取れないという非効率なものであった．石油化学でベンゼンが作られるようになり，この苦労はなくなった．

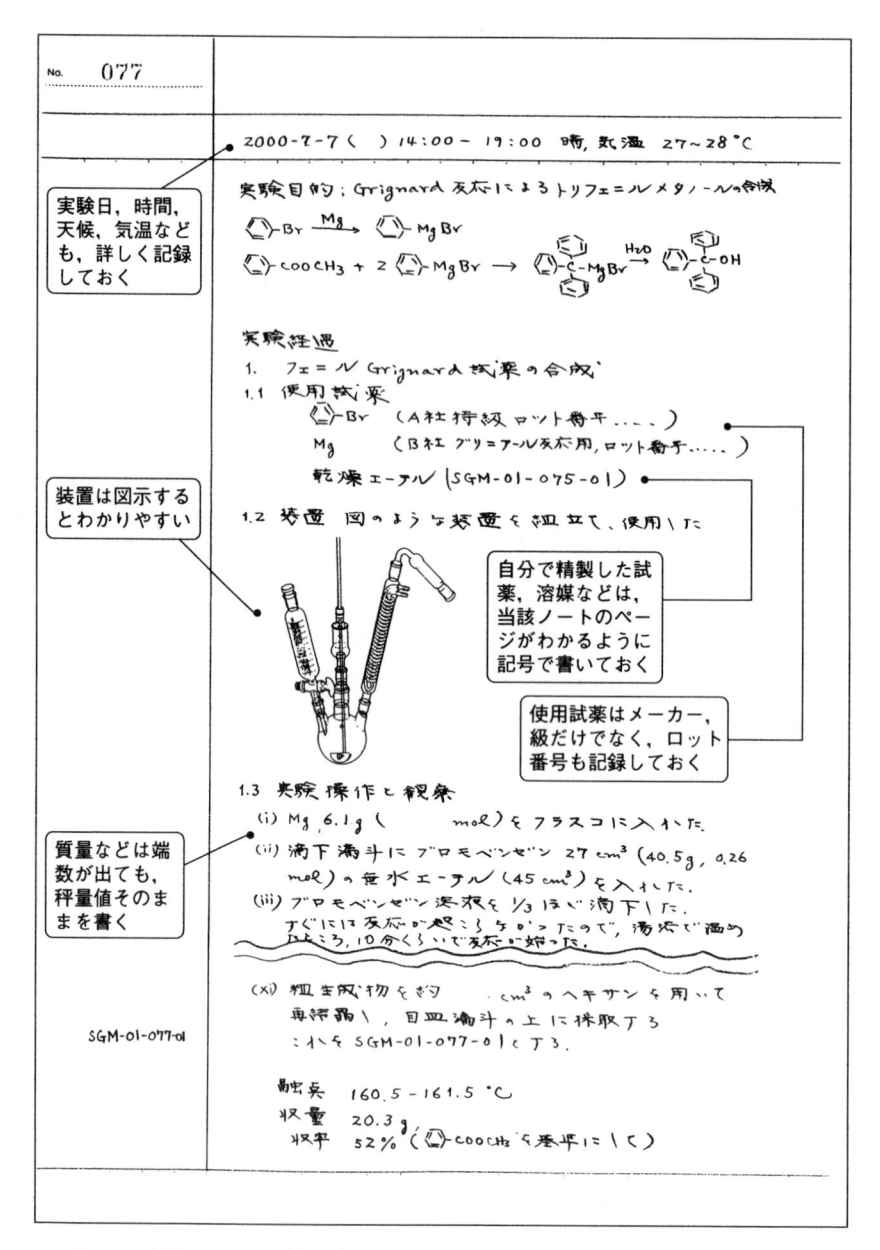

図 4・4　実験ノートの１例；グリニャール反応による，トリフェニルメタノールの合成
裳華房，2000 より）

4・4 実験ノートの取り方

参考文献
L.F. Fieser, K.L. Williamson, 牧藤俊夫他訳
"フィーザー 有機化学実験 原書4版, 丸善 (1980)
pp 128-136.
の方法をスケールを3倍にして行った.

原料, 生成物の性質など

	分子量(原子量)	融点 °C	沸点 °C	密度 g cm⁻³
⟨⟩-Br	157.0	-30.6	156	1.495
⟨⟩-COOCH₃	136.2	-12.2	199.5	
(⟨⟩)₃COH	260.3	162.5	380	溶 C₆H₆ EtOH
Mg	24.3			

> 参考書, 参考文献は原典にすぐアクセスできるよう, 必要な項目を書いておく

> 原料や予想される生成物の分子量, 諸性質は便覧などで調べておく. 密度を書いておくと質量の代わりに体積で量を測ることができ, 液体物質を扱うときには便利である

2000-7-8
SGM-01-077-01 の ¹H NMR 測定 → SGM-01-077-02
約 30 mg を使用
測定装置名

SGM-01-077-02
チャートの縮小コピー

SGM-01-077-02

> ¹H NMR の測定日が, 試料を合成した日と異なる場合は明記する

(杉森 彰「化学サポートシリーズ 化学をとらえ直す—多面的なものの見方と考え方—」

実験ノートの記録の重要性

　実験ノートの記録が大発見につながることは多い．その1例が，カラシュ(M. S. Kharasch, 1895-1957) と弟子のメイヨー（F. S. Mayo）による，アルケンに対する臭化水素の反マルコフニコフ付加の原因解明である．材料として使っていたのは，3-ブロモ-1-プロペン ($CH_2=CH-CH_2Br$) である．ところが，生成してくるのは，あるときは $BrCH_2-CH_2-CH_2Br$ であり，またあるときは $CH_3-CHBr-CH_2Br$ であったりする．

$$CH_2=CH-CH_2Br + HBr \rightarrow BrCH_2-CH_2-CH_2Br + CH_3-CHBr-CH_2Br$$

　たいがいの場合，両者の混合物がとれるが，その割合が日によってひどくばらつく．ついには，"月の満ち欠けのせいだ"という冗談まで飛び出す状況だったという．しかし，1933年に至って，付加の方向を支配しているのが O_2 や過酸化物であることを確かめ発表した．

　カラシュ教授は，実験の方法やその記録について，実に口やかましく，実験ノートにはその日付，用いた薬品の出所，加熱や冷却の方法，操作の時間，器具の種類や大きさなど，およそ気がついたものはなんでも書くように指示していたという．ところでカラシュは，困った末に，実験をしていた学生達のノートを集めて思案したところ，反マルコフニコフ付加は，原料のアルケンが合成されてから日時を経ている場合に多く，マルコフニコフ付加は，アルケンを合成してすぐに用いている場合が多いということに気付いた．これが分かったのは，原料のアルケンについても，いつ合成したものか，あるいは，試薬として購入したものであれば，そのびんのロット番号も，実験ノートに記録させてあったためであった．そこで，カラシュは合成直後のアルケンに空気や酸素を吹き込み付加を行わせ，反マルコフニコフ付加が起こることを確かめ，その原因を明らかにしたのであった．

第5章

化学薬品（物質）の譲渡と廃棄

　化学薬品を扱うとき，最も気を使わなければいけないのは，使用中の危険性（中毒，爆発，発火）と並んで廃棄物の処理であろう．ここには厳しい法律の制約が課せられていると同時に，化学者のモラルも問われる．また，作り出した化学物質を売り渡したり，譲り渡したりするときも，輸送の問題も含めて，事故が起こらないように十分な注意が必要である．

第5章 化学薬品（物質）の譲渡と廃棄

5・1 化学物質の譲渡・廃棄と法規制

一般の市民や環境を化学物質の危険から守るために，化学物質に対する規制は年々厳しくなってきている．全く新しい発想に立った，**製造物責任法（PL法）** によって，故意や過失が無くても，廃棄物を含む製造物によって事故が起こった場合には，それを作り出した者が法律上の責任を問われるようになった（§2・2参照）．有害物質の環境への放出や移動に際しては，そのものの素性，危険性，事故が起こったときの処理方法など，法律に合うように書類を整えなければならないことにもなっている．

また，作り出した化学物質を売り渡したり譲り渡したりするときも，輸送の問題も含めて「化学物質管理促進法」（PRTR法）の規制を受ける．法律的なことも踏まえて，化学物質を手元から離す場合の問題点を考えてみよう．

5・2 化学薬品の廃棄の規制

実験室での化学実験の後始末で最も困るのは**廃棄物**である．それは，化学反応の後に残る副生成物だけではない．実験（反応，分離精製）の最中に発生して空気中，あるいは水中などに逃げていく可能性のある有害物質もある．これらをどのように捕捉し処理するかが大きな問題である．化学工場でも同じで，生産工程で発生する廃棄物の処理は，工場の運転で最も注意しなければならないところである．

前にも強調したように，その基本はまず法律を知り，守ることである．法律は，知らなかったでは済まされない．

危険物質が環境に流出しないようにするためには，それらの物質を厳重に管理しなければならない．最近公布・施行された，「**化学物質管理促進法**」（**PRTR法**）は，事業者が取り扱っている危険性物質（法律で指定されてい

る）の環境への排出を厳密に把握し，届け出ることを義務付けたものである．

化学工場（清掃工場なども含めて）などが，どのような危険物質を扱い，またそれを環境に対して排出していないことを明確に証明することも必要である．それには，危険物質をよく管理して，入ってきたものと出ていくものとの収支が合っているかを確認することが必要である．危険物質は，製造工場から加工工場へと移動する．物質を作る専門家は物質の危険性についてよく知っているだろうが，移動に携わる人（トラックの運転手や，タンカーの乗組員など）は物質の危険性について熟知していないかも知れない．ここでも危険物質の管理を徹底し，それに関係する人たちが，危険性をよく認識し，適切に行動するようにしなければならない．これもPRTR法に規定されている．

また，自主規制で化学物質の安全性を高めていこうとする運動であるISO 14000シリーズの規格も普及してきていることはすでに述べた（§2・3参照）．

これらの法律や自主規制から見て取れるのは，危険化学物質を指定し，規制するのではなくて，**化学物質の管理と環境保全のためのシステムを構築**しようという新しい発想である．

化学物質の廃棄に際しては，次のような法律にも従わなければならない．

　　水質汚濁防止法
　　下水道法
　　大気汚染防止法
　　廃棄物の処理及び清掃に関する法律

などがそれにあたる．

法律や自主規制を守りながら，廃棄物の処理の手間と費用を最小限にするよう，効率的に実験研究あるいは工場での生産を行うには，知恵とよい習慣が必要になる．それが**"分別廃棄"**である．化学物質に限らず（日常生活の

ゴミ捨てと同じように)，ものを上手に捨てるための鉄則は，"分別"にある．

1　含まれているものが何であるかが分かっていること
2　含まれている物質の種類が少ないこと

が処理の手間を少なくし，コストも低下させる．

　何が入っているか分からない混合物の処理がいかに面倒かは，無機イオンの定性分析での，未知試料の同定を思い出してもらえばよく分かるだろう．何種類のイオンが含まれているか分からない試料を系統的に分析するのには，時間もかかり労力も大変である．それに対して，銀イオンが含まれているかどうかは，塩酸を加えることによって容易に確かめることができる．

　各現場で取っている処理方法の違いによって，いろいろな分別法が考えられるが，一般的にはまず，無機物質，有機物質を区別し，その上で，毒性，処理の容易さに応じた分別を行う．無機廃棄物では，毒性を持つ重金属物質を細かく分別すること，有機廃棄物では，ハロゲンを含むものと，含まないものを峻別することが重要である．大学，工場では，これらについてのパンフレットを用意して，廃棄物の出し方を指示している．それをまずよく読み，間違えないようにすることが大切な基本である．

5・3　化学物質の譲渡と輸送

　あなたが大学生ならば，自分の作った化学物質を売るというようなことはないであろうが，ひとたび社会に出て生産活動に従事するようになると，化学物質を移動させるときの法的規制を知っていなければならないだろう．大学間の共同研究が盛んになり，日本で作った物質をドイツに送って測定してもらうというようなことも起こる．

　危険物に指定されている化学薬品を郵便で送れるだろうか？　危険物を持って電車やバスに乗ってよいのだろうか？　自家用車なら運べるだろうか？

また，船や飛行機でならどうなるのであろうか？運べるとしたらどのような手続きをとったらよいのだろうか？

危険物を，電車やバスのような公共の交通機関の車内に持ち込むことは禁止されている．このことは，車内放送で繰り返しアナウンスされているのでご存じのことであろう．何を持ち込むことができないかは，道路交通法で指定されている．逆に言えば，指定されていない化学物質は車内に持ち込むことができる理屈であるが，日々新しい危険化学物質が作られていくことを考えれば，法律の規制外にある物質でも，作った本人の判断で，危険性があると思われるものは公共の交通機関に持ち込むことは避けるべきである．

郵便でも危険性のある物質は送ることができない．化学薬品を送ろうとするときは，郵便禁制品にそれが指定されていないかどうかを確かめる必要がある（郵便法第14条）．郵便禁制品には爆発性，発火性，引火性，強酸化性物質など多数の物質が指定されている．

しかし，化学物質は作ったところから使われる所へ移動しないと役に立たない．どうしても送る必要がある．このような場合に適用される法律があり，それに適合する処置をした上，万一の場合の処置が容易になるような書類を準備して，危険物を運ぶ．街の中を「危険物」と大きく表示したタンクローリーが走っているのもこのような手続きを経た上でのことである．

危険物を運ぶためには，指定された容器の中に収容して，安全を確保しなければならない．また，大量の危険物を運搬するとき（例えば，タンクローリーで危険性のある化学物質を運ぶとき）には，**資格（免状）**を持った**危険物取扱者**が同行していなければならない．多くの場合，運転手自身が危険物取扱者の免状（最低でも，取り扱える危険物の範囲の最も狭い"丙種"の免状）を持っている．

最近重要性を増してきたのが，書類上の規制である．

化学物質を譲渡するときは，その物質がどのような危険性を持ち，取り扱いにおいてどのようなところに気を付けなければいけないか，また，その物

第5章 化学薬品（物質）の譲渡と廃棄

製品安全データシート

会　　社：○　○　○　○　会　社
緊急連絡先：

MSDS No. 25183　　　　　　　　　作成：平成　○年　○月　○日

1. 製品の名称：メタノール

2. 組成，成分情報
　　化　学　名　：メタノール
　　化学式又は構造式：CH_3OH
　　成分及び含有量　：メタノール　99.5％以上
　　官報公示整理番号　化審法：2-201
　　　　　　　　　　　安衛法：公表
　　CAS No.　　　：67-56-1
　　国　連　分　類　：クラス3.2（中引火点引火性液体）等級Ⅱ
　　国　連　番　号　：1230

3. 危険・有害性の要約
　　分類の名称　：引火性液体，急性毒性物質
　　危　険　性　：引火性液体で，常温で引火しやすく，蒸気は空気と爆発性の混合気体を生成する．…
　　有　害　性　：皮膚，眼などを刺激する．
　　　　　　　　　皮膚に繰り返し接触すると，皮膚炎を起こす．
　　　　　　　　　飲み込んだり，高濃度の蒸気を吸入すると，頭痛，めまいを起こす．
　　環　境　影　響　：水生生物に低毒性である．

4. 応急措置
　　眼に入った場合　：直ちに流水で15分間以上洗い流す．
　　吸入した場合　：直ちに新鮮な空気の場所に移し，鼻をかませ，うがいをさせる．…

5. 火災時の措置
　　消　火　剤　：水，粉末・二酸化炭素，乾燥砂，泡
　　消　火　方　法　：
　　（周辺火災の場合）　速やかに容器を安全な場所に移す．…
　　（着火した場合）　初期の火災には，粉末・二酸化炭素，乾燥砂などを用いる．

図5・1　MSDSの1例（関東化学株式会社「CD-ROM版試薬総合カタログ」, 2002のデータを基に改変）

6. 漏出時の措置
　　　　　　　　　付近の着火源となるものを速やかに取り除く，…

7. 取扱い及び保管上の注意
　　　取　扱　い：皮膚に付けたり，蒸気を吸入しないように適切な保護具を
　　　　　　　　　着用する．
　　　　　　　　　蒸気発生源は密閉するか，局所排気装置を設ける．
　　　　　　　　　火気に注意する．
　　　保　　　管：容器は密栓して冷暗所に保管する．

8. 暴露防止及び保護措置
　　　管 理 濃 度：200 ppm
　　　許 容 濃 度：日本産業衛生学会：200 ppm，262 mg/m^3…
　　　設 備 対 策：蒸気発生源は密閉化するか局所排気装置を設ける．
　　　保　護　具：必要に応じて保護手袋，保護眼鏡，有機ガス用マスクを
　　　　　　　　　着用する．

9. 物理的及び化学的性質
　　　外 観 等：無色液体，芳香
　　　沸　　　点：64.51 ℃

10. 安全性及び反応性
　　　引　火　点：12 ℃　　　　爆発限界：上限，36.5 vol%
　　　自己反応性・爆発性：蒸気は空気と爆発性の混合気体を生成する．

11. 有害性情報（人についての症例，疫学的情報を含む）[1]
　　　刺激性（皮膚，眼）：皮膚，眼などを刺激する．
　　　感　作　性：データなし
　　　急性毒性（50％致死量などを含む）：
　　　　　　　　　高濃度の蒸気を吸入すると頭痛，めまい，意識喪失を
　　　　　　　　　起こすことがある．
　　　　　　　　　経口摂取すると，10〜25 mLで失明することがある．
　　　　　　　　　ラット　経口　$LD_{50} = 13$ g/kg
　　　亜急性 毒 性：データなし
　　　慢 性 毒 性：中枢神経系，肝臓，血液に影響を与え，注意力低下，
　　　　　　　　　動作緩慢，肝臓障害，貧血を起こすことがある．
　　　が ん 原 性：IARCおよびNTPのリストに記載されていない．

図5・1　MSDSの1例（つづき）

54　　　　　　　　第5章　化学薬品（物質）の譲渡と廃棄

　　　変 異 原 性　：微生物；酵母（－S9）；陽性
　　　　　　　　　　　染色異常；マウス（生体内・経口）；陽性
　　　生 殖 毒 性　：データなし
　　　催 奇 形 性　：データなし

12. 環境影響情報
　　　分　解　性　：微生物などによる分解が良好と判断される物質である．
　　　蓄　積　性　：データなし
　　　魚　毒　性　：水生生物に低毒性である．
　　　　　　　　　　　$LD_{50}/96$ 時間は 1,000 mg/L 以上

13. 廃棄上の注意
　　　　　　　　　　　スクラバーを具備した焼却炉で焼却処理を行う．

14. 輸送上の注意
　　　　　　　　　　　輸送に際しては直射日光を避け，容器の漏れのないことを
　　　　　　　　　　　確め，落下，転倒，損傷がないように積み込み荷くずれの
　　　　　　　　　　　防止を確実に行う．

15. 適用法令
　　　消　防　法　：危険物第4類アルコール類水溶性液体（400 L）
　　　化学物質管理促進法：非該当
　　　毒物及び劇物取締法：劇物
　　　労働安全衛生法　：施行令別表第1危険物（引火性の物）
　　　　　　　　　　　　有機溶剤中毒予防規則第2種有機溶剤
　　　　　　　　　　　　施行令第18条名称等を表示すべき有害物
　　　　　　　　　　　　施行令第18条の2名称等を通知すべき有害物（政令第558号）
　　　大気汚染防止法　：施行令第10条特定物質

引用文献
　　① 化学物質の危険・有害便覧，労働省安全衛生部監修
　　　　　中央労働災害防止協会（1992）

　　　　　　　図5・1　MSDSの1例（つづき）

質がどのようにして作られたかなどの前歴（予想外の事故が起こったときなどの原因解明に役立つ）を書いた書類が必要になってきた．

　それには，**化学物質安全性データシートMSDS**（§2・2参照）が使われる．MSDSは「PRTR法」，「毒物及び劇物取締法」，「労働安全衛生法」で指定される化学物質，それぞれ約430種，500種，630種について義務付けられているが，その他の物質についても作成され，化学物質の移動に際して添付されるようになってきた．MSDSの1例を図5・1に示す．

　MSDSには，名称，構造式，CAS番号，法律の指定番号など化合物の戸籍を示すものだけでなく，取り扱い・貯蔵上の注意，漏洩時の措置，応急措置，有害性・毒性，環境影響情報，輸送上の注意などが書かれることになっている．物質が移動するときには，MSDSがついて回ることになる．

　また運搬中に起こる万一の事故に対処するために，物質の性質，毒性，事故のときの緊急処置の方法をシートにまとめたもの（**"イエローカード"**という）を運搬員に持たせることになった．その実例を図5・2に示す．

　化学薬品の輸送については，次のような法律が関係している．

　　毒物及び劇物取締法
　　火薬類取締法
　　高圧ガス保安法
　　消防法
　　道路法
　　航空法
　　郵便法

第5章 化学薬品(物質)の譲渡と廃棄

品　名	希　硫　酸 (H_2SO_4)		(濃度＝60～65%)
適用法規	消防法　　　　　　　　：危険物に該当しない 毒物及び劇物取締法　：劇物 CAS No：7664-93-9　　　　　　　　　　　国連番号：1830		
物理的 化学的性質	外　観：無色またはわずかに着色した液体 沸　点：144℃ (66.2%) 比　重：1.51 (20℃) 融　点：-40℃ 水溶解度：可溶 引火点：不燃性	発火点：不燃性 爆発範囲：不燃性 LD_{50}　：ラット経口　2140 mg/kg LC_{50}　：モルモット (成熟) 　　　　　50 mg/m³・8時間 許容濃度：1 mg/m³	

特性	危険性			有害性		環境 汚染性	性状			
	禁水性	爆発性	可燃性	有毒ガス発生	目、皮膚に触れると危険	河川への流入注意	個体	液体	気体	水溶性
					●	●		●		●

事故発生時の応急措置

事故発生時には警察署及び、消防署へ連絡の上、1～2の処置をし緊急連絡先に連絡すること。
《濡れたとき》
　☆濡れた水溶液は人体に有害なので身体に接触させないよう保護具を着用して防除作業を行うこと。
1.少量の漏れの時
　1) 土砂等に吸着させて取り除くか、又は、ある程度水で希釈した後、消石灰、ソーダ灰等で中和して多量の水で洗い流す。
2.多量の漏れの時
　1) 漏れた液を土砂等でその流れを止め、これに吸着させるか、又は、安全な場所に導いて、遠くから徐々に注水してある程度希釈した後、消石灰、ソーダ灰等で中和し、多量の水で洗い流す。
　2) 回収後、漏れた場所はソーダ灰、薄い苛性ソーダ液等で中和後多量の水で洗い流す。
　☆水で洗い流す時は、pH値を確認して河川、海域等へ影響しないよう注意すること。

緊急通報

　　　　　　　　　　119（消防署）　　　　　　　110（警察署）
　＜緊急通報例＞
　1. いつ　　　　　○○時○○分頃
　2. どこで　　　　○○市○○地区（国、県、市）道　　○○号線○○付近で
　3. なにが　　　　「希硫酸」が
　4. どうした
　5. 怪我人は　　　怪我人がいます（救急車をお願いします）　　怪我人はいません
　6. 私の名前は　　○○運送の○○です

緊急連絡先

運送会社	○○運輸（株）○○○営業所		荷送会社	○○化学工業（株）○○工業所
住　所	○○県○○○市○○町○○○		住　所	○○県○○市○○町○○町○○
電　話	平日、昼間　○○-○○-○○ 休日、夜間　○○-○○-○○ 　　　　　　○○-○○-○○		電　話	平日、昼間　○○-○○-○○ 休日、夜間　○○-○○-○○

図5・2　イエローカードの1例

品　名	希　硫　酸 (H_2SO_4)	（濃度＝60〜65％）

災害拡大防止措置　（消防署、警察署、保健所へお願いしたい措置）

現場に立ち入るとき
1. 極めて腐食性が強いので、作業の際には必ず保護具を着用する。
2. 関係者以外の人が立ち入らないようにしてください。

漏洩したとき
前ページの措置方法にしたがって下さい。

保護具
運転席後部、若しくはタンク後部の工具箱内にあります。
保護眼鏡　　ゴーグル型
保護手袋　　ゴム製
保護衣　　　ビニール合羽
　　　　　　ゴム長靴

引火．発火したとき
本品そのものは燃えないが、周辺火災の場合には
1. 速やかに車を安全な場所に移す。
2. 移動不可能の場合は、ローリー車のタンク部及び、周辺に散水して冷却する。

救急措置
1. **眼に入った場合**　　　失明することがある。
　ただちに多量の流水を用いて15分間以上洗い続ける。その際、眼瞼を指でよく開いて眼球、眼瞼のすみずみまで水が行き渡るように洗う。
　医師はできるだけ早く呼ぶ。医師の到着が遅れる場合は更に15分間水洗する。
2. **皮膚に付着した場合**　皮膚の壊死を伴う重度の薬傷をおこす。
　ただちに多量の流水で十分に洗い続ける。
　部分的に硫酸の付着した衣服はただちに全部脱ぎ取り、多量に付着したときは衣服を急に脱ぎ取る前に多量の水で洗い流す方が良い。
　早く医師を呼ぶ。　医師の指示なしに油類や塗り薬を薬傷部に塗ってはならない。
3. **飲み込んだ場合**　　　口、喉、食道、胃の粘膜に薬傷をおこす。
　患者に硫酸を吐かせようとしてはならない。意識を失っている患者に何物も与えてはならない。患者の意識が明瞭なときは元気づけて口を多量の水で洗わせた後、できれば卵白を混ぜたミルクを飲ませると良い。このような処置がとれないときは多量の水を飲ませる。医師をできるだけ早く呼ぶ。
4. **吸入した場合**　　　　鼻、喉、気管支などを強く刺激する。
　硫酸ミスト又は、蒸気を吸入したときは、ただちに患者を毛布等にくるみ、吸入した場所から新鮮な空気が得られる場所に移す。速やかに医師の手当を受ける。

特記事項
☆ 発火、爆発性の危険はないが、反応性が高い。
☆ 水と反応して危険な発熱をする。
☆ 多くの金属と反応して水素を発生する。閉鎖した場所または風通しの少ない場所ではこの発生した水素が爆発する危険がある。
☆ アルカリと混ぜるとおおきな中和熱を生じる。
☆ 酸化剤、有機酸化物類との混触により発熱、発火する危険がある。
☆ 容器の材質は濃度によって異なるので注意を要する。
☆ 人体に極めて有害である。飲んだり、皮膚に付いたり、眼に入ると重大に至ることがある。

図5・2　イエローカードの1例（つづき）

大学と企業での危険性の違い

　次のような笑えない実例を聞いた．大学院で有機合成の研究をしていた博士を，その道の専門家として企業が雇ったところ，企業での初めての合成で中毒を起こしたというのである．原因は，有毒ガスの発生する反応をしていたのに，不用意にドラフトに首を突っ込んだことにあった．最近の大学での研究では，新しい反応を研究するのにミクロスケール(mg オーダー)で実験をする．少量実験では有毒物が出てもあまり問題にならない．しかし，大量に生産するとなると装置も変わり，危険性も高くなる．それ相応の技術力及び注意力が要求されるようになる．

第6章

化学物質の戸籍
―化学式の書き方と命名法―

　人に名前があるように，一つ一つの化学物質も名前を持っている．ただ，人の名前と違うのは，化学物質の名前は化学構造を的確に表した組織的なものであるということである（名は体を表す）．また，化学式（構造式）の書き方は化学者の基本的な素養である．化学式の書き方は慣れやすいが，化合物命名法は，かなりの修練を要するもので，何十年も化学の研究や講義をしている大学の先生でもよく間違いを起こす．ここでは，化学式の表現と命名法の基本的なことを学ぼう．

6・1　化学式, 名称, CAS 登録番号

他のものでも同じだが, 化学物質は特に, 物質の素性（化学式, 名称）が分からないと, どう取り扱ってよいか分からない. 化学物質の一つ一つを区別し, それぞれにアイデンティティ（identity）を与えているのは次の3つである.

1　**化学式**（構造式）
2　**名称**
3　Chemical Abstracts Service registry number（**CAS 登録番号**）

これらは, 世界のどこででも通用するように決めておかなければならない. 世界的な化学者の組織に, **IUPAC**（International Union of Pure and Applied Chemistry：国際純正および応用化学連合）があり, そこで化学式の書き方, 化合物の命名法が決められる. 化学式は世界中共通のものであるが, 名称は英語で決められ, それを各国の言語に訳して使うことになっている.

日本でも, $FeCl_3$ の IUPAC 名の iron(Ⅲ) chloride を 塩化鉄(Ⅲ) と訳して使う. 日本語への翻訳は, 文部科学省や日本化学会によって決められていて, 教科書などもそれに従って書かれている.

化学式の書き方にも決まりがある. もう慣れっこになって気が付かないかも知れないが, 塩化ナトリウムは NaCl であって, ClNa ではいけない. これも, 化学式の書き方の規則に則ってのことである.

名称, 化学式と並んで, 最近重要性を増してきたものに, **CAS 登録番号**がある. これは, 世界中の化学情報を網羅して, その概要を速報する雑誌である *Chemical Abstracts*（第7章で説明する）が一つ一つの物質に与えた登録番号である. この番号から, *Chemical Abstracts* に蓄えられた膨大な情報を効率よく検索することができる（§7・4 でも述べるように, オンライン情報検索では, *Chemical Abstracts* 以外のデータベースの情報にもアク

セスできるようになっている).

化合物名を含めて,学術用語の翻訳には大きな問題がある.日本語の用語を決める場が違うと訳語が違ってくることもその一つである.化合物ではないが,ビールス,ウイルス,ウィールスなど生物学,化学,医学などで用語が違うことも起こる.

化合物命名法では,英語の IUPAC 名を日本語に移すときに,**翻訳**と**字訳**が使われている.翻訳は,benzoic acid を 安息香酸 のように日本語として親しまれていたものに移すものである.字訳は,ローマ字で書かれた英語名を,アメリカ,イギリスなどの英語国で発音されているものとは無関係に,英語の綴りを一定の方式(約束)でカタカナに移し替えるものである.

6・2 有機化合物の表現

6・2・1 構造式

有機化合物を式で表すときは,構造式が用いられる.分子の中での原子の結合順序を"**価標**"と呼ばれる線で結んで表現するものである.本来の構造式は原子の結合順序だけを表し,分子の実際の形は問題にしないものなの

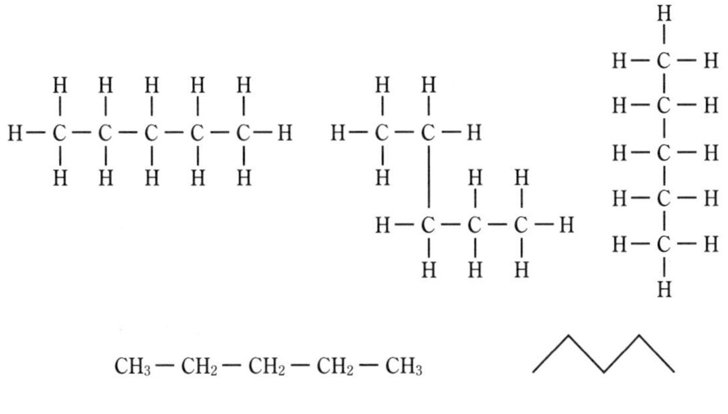

$CH_3-CH_2-CH_2-CH_2-CH_3$

図6・1 ペンタンの構造式

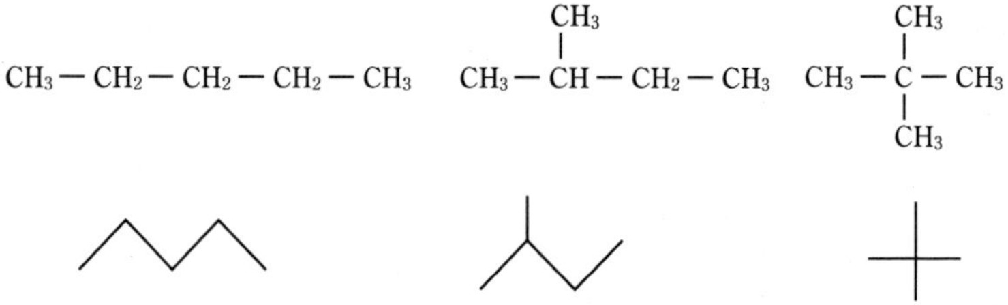

$$CH_3-CH_2-CH_2-CH_2-CH_3 \qquad CH_3-\underset{\underset{CH_3}{|}}{CH}-CH_2-CH_3 \qquad CH_3-\underset{\underset{CH_3}{|}}{\overset{\overset{CH_3}{|}}{C}}-CH_3$$

図 6·2　ペンタンの異性体

で，縦に書いても，横に書いても，また曲げて書いても同じである．構造式によって，異性体が理解される（図 6·1，6·2）．

　構造式では，当然分かる価標を省略し，いくつかの原子のかたまりを，一括して書くことができる（例えば，CH_3，CH_2，OCH_3，NH_2 など）．さらに，炭素骨格を折れ線で表し，その末端には CH_3，各々の角には CH_2 があるものとし，置換基だけを書き表すことも許される．このようにした方が，余分なものに気を取られることなく，分子の構造の特徴が見やすくなる．特に，環式化合物の表現に有効である（図 6·3）．

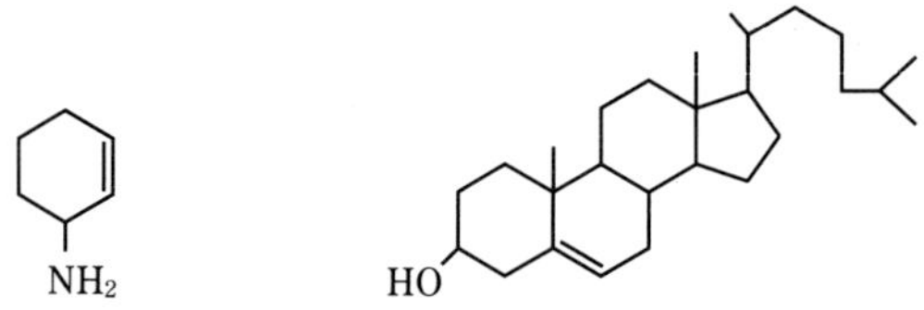

アニリン　　　　　　　　コレステロール

図 6·3　複雑な分子の構造式

　化学の勉強が進むと，立体異性体が問題になる．これは，原子の結合順序が同じでも，原子の立体構造が異なるために生まれる異性体である．このような場合には，平面的な構造式に，約束をつけて立体構造を表現する．それが投影式である．

6・2 有機化合物の表現　　　　　　　　63

この場合，炭素を中心とする正四面体は，後ろ側の稜を紙面につけ，底面が見えるように，手前に浮き上がったように置くのが決まりである（不自然な置き方であるが）．それを正面から見て，紙の上に投影する（**投影式**）．

自然に思える置き方をして投影したものは，反対の立体構造を持った鏡像異性体（対掌体）の構造を示してしまうので，注意が必要である（有機化学の教科書で，時々間違った構造が書かれていることがある）．

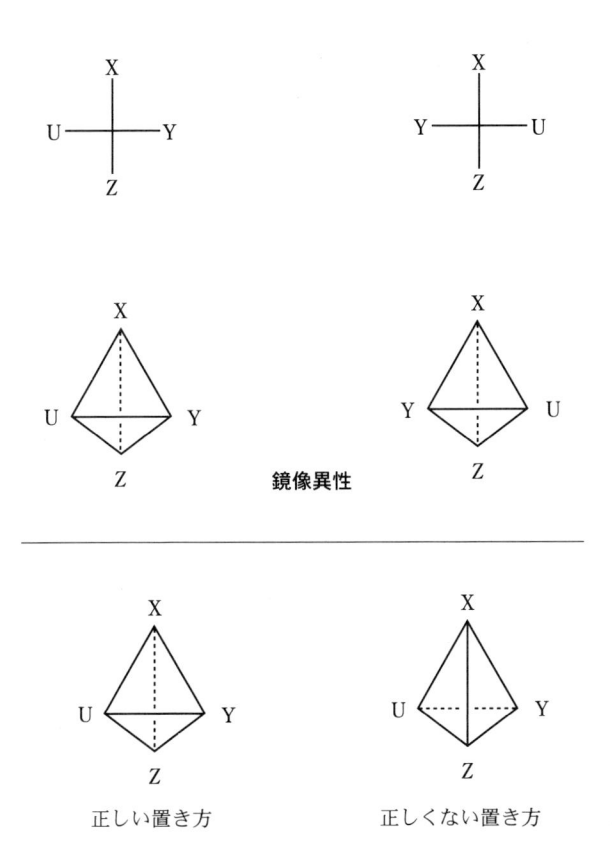

鏡像異性

正しい置き方　　　　　正しくない置き方

図 6・4　Fischer の投影式

6・2・2 有機化合物の名称

　名称は構造式を忠実に表現したものでなくてはならない．有機分子の名称の基本構造は次のように表される．

　有機化合物は，炭素原子がつながってできる鎖や環（炭化水素の骨格）に，官能基と呼ばれる特性を持った原子団が結合してできている．有機化合物の命名は，炭化水素の骨格を語幹とし，その前後に，置換基，多重結合の種類数を表す接頭語・接尾語をつけて作る．置換基の位置は，炭化水素骨格に端から番号をつけて示す．

　炭化水素骨格は，炭素数によって，methane（メタン；CH_4），ethane（エタン；CH_3CH_3），propane（プロパン；$CH_3CH_2CH_3$），butane（ブタン；$CH_3CH_2CH_2CH_3$），pentane（ペンタン；$CH_3CH_2CH_2CH_2CH_3$），hexane（ヘキサン；$CH_3CH_2CH_2CH_2CH_2CH_3$）…などとする（**表6・1**）．

　二重結合，三重結合を含まない場合，語尾は -ane（アン）である．

　二重結合がある場合には語尾を -ene（エン）に，三重結合の場合には語尾を -yne（イン）にする．

　環は，非芳香族性のものと芳香族性のものとを区別する．非芳香族性の環は，炭化水素名の前に cyclo-（シクロ）をつけて表す．芳香族性のものは簡単なものには benzene（ベンゼン），naphthalene（ナフタレン）のように，それぞれに昔から使われてきた名前をそのまま使う．窒素，酸素，硫黄など炭素以外の原子を含む環もあるが，複雑になるので，専門の参考書（中原勝儼・稲本直樹，化学新シリーズ　化合物命名法，裳華房（2003））を見られたい．

　置換基は原則として，それぞれ2種類の名称を持っている．次に述べる，主基となる場合に使われるものと，そうでない場合のものとである．ただし，ハロゲン，炭化水素基は接頭語としてしか表現されない．

　置換基には（命名法の上だけのことであるが）順序がついている．置換基のうち，最も優先順位の高いものを"**主基**"と呼び，語尾で表す．その他の

6・2 有機化合物の表現

表 6・1 基本炭素骨格の名称

CH_4	methane	メタン
CH_3CH_3	ethane	エタン
$CH_3CH_2CH_3$	propane	プロパン
$CH_3CH_2CH_2CH_3$	butane	ブタン
$CH_3CH_2CH_2CH_2CH_3$	pentane	ペンタン
$CH_3CH_2CH_2CH_2CH_2CH_3$	hexane	ヘキサン
⬠	cyclopentane	シクロペンタン
⬡	cyclohexane	シクロヘキサン
⬡	benzene	ベンゼン
⬡⬡	naphthalene	ナフタレン

接 頭 語	語 幹	接 尾 語	
置換基の表示 (種類, 数, 位置の表現)	骨格の表示 (母体構造)	不飽和結合の表示 (種類, 数, 位置の表現)	置換基のうち最も優先順位の高い主基の表示 (主基の種類, 数, 位置の表現)

図 6・5 置換命名法による有機化合物の名称の基本構造

置換基は, 接頭語の形で表す (**図 6・5**). 同じ置換基でも, 語尾に置かれて主基になる場合と, その他大勢の置換基として語頭に置かれる場合とでは名称が異なる. ハロゲン, 炭化水素基 (アルキル基, アリール基) は主基にはならない (**表 6・2**).

CHO, COOH が主基になる場合, 2つの名称が可能である. 一つは,

表 6·2　主要な特性基の名称

式	接頭語		接尾語	
–COOH	carboxy-	カルボキシ	-carboxylic acid -oic acid	カルボン酸 酸
–CHO	formyl-	ホルミル	-carbaldehyde -al	カルバルデヒド アール
>C=O	oxo-	オキソ	-one	オン
–OH	hydroxy-	ヒドロキシ	-ol	オール
–NH$_2$	amino-	アミノ	-amine	アミン

接頭語としてのみ呼称される特性基

　ハロゲン：–Cl chloro- クロロ，–Br bromo- ブロモ，–I iodo- ヨード．炭化水素基：一般に表6·1の炭化水素名の語尾 -ane を -yl に変える．–CH$_3$ methyl- メチル，–C$_2$H$_5$ ethyl- エチル．ただし，⟨⟩ phenyl フェニル．

CHO を -al（アール），COOH を -oic acid（酸）として表現する場合で，もう一つは CHO を -carbaldehyde（カルバルデヒド），COOH を -carboxylic acid（カルボン酸）として表現する場合である．前者は直鎖のアルデヒド，カルボン酸の命名に便利で，後者は，環についたアルデヒド，カルボン酸の命名に便利である．

　同じ置換基が2個以上あるときは，その数を置換基の名称の前に置く接頭語によって表す．二重結合，三重結合の数は（2個以上あるとき）-ene，-yne の前に数を表す接頭語を付けて表す．1個の場合には特別に書かない．2，3，4，5，6個を表すのは，それぞれ，di（ジ），tri（トリ），tetra（テトラ），penta（ペンタ），hexa（ヘキサ）である（表6·3）．

　有機分子は枝分かれがあることも多い．このような場合には，主基を含んで最も長い（炭素数の多い）鎖を基本に選び，**主鎖**と呼ぶ．主基がない場合には，二重結合，三重結合を最も多く含み，最も長い鎖を選ぶ．

　主鎖には端から**番号**をつける．CHO，COOH が主基の場合には，CHO，COOH の C を鎖の一員として扱い，語尾を -al，-oic acid にして名前を付

表6・3 数を表す接頭語

数	接頭語		数	接頭語	
1	mono	モノ	10	deca	デカ
2	di	ジ	11	undeca	ウンデカ（有機命名法）
3	tri	トリ	11	hendeca	ヘンデカ（無機命名法）
4	tetra	テトラ	12	dodeca	ドデカ
5	penta	ペンタ	倍数詞接頭語		
6	hexa	ヘキサ	2	bis	ビス
7	hepta	ヘプタ	3	tris	トリス
8	octa	オクタ	4	tetrakis	テトラキス
9	nona	ノナ （有機命名法）			
9	ennea	エンネア（無機命名法）			

ける．そして CHO, COOH に1番の番号を与える．すなわち，CHO, COOH は常に末端にある．

環に CHO, COOH がつくと，鎖の場合と違って頭と尻尾の決めようがない．このようなときには，CHO, COOH は骨格の一部として認めず，環に CHO, COOH が結合しているとして，環の名称＋carbaldehyde，または ＋carboxylic acid で命名する．

置換基，二重結合，三重結合の位置は，主鎖につけた番号によって示す．二重結合，三重結合の位置は，始点の位置だけを示す．

以上をまとめると，次のようになる．

＜命名の手順＞

1 **主基**を決める．
2 **骨格**となる炭化水素鎖（あるいは環）を選び出し，主基とともに名称を与える．この際，多重結合がある場合には，骨格名の -ane の部分を -ene, -yne に変える．多重結合が2個以上ある場合には，-ene, -yne の前に数を示す di, tri, … を置く．

3 鎖に端から**番号**をつける．

4 主基以外の**置換基**の種類・数・位置を全て数え上げ，置換基の名称をアルファベット順に整理し（数を表す接頭語は無視する），接頭語として並べる．

英語名を日本語名に移すときは，原則として字訳する．無機化合物と違って，有機化合物には，漢字などを使った翻訳名は少ない（安息香酸，クエン酸，りんご酸など酸の名称が例外）．

次に例を示そう．

$$\underset{6}{HO-CH_2}-\underset{5}{\overset{F}{\overset{|}{CH}}}-\underset{4}{CH}=\underset{3}{CH}-\underset{2}{\overset{O}{\overset{\|}{C}}}-\underset{1}{CH_2-OH}$$

5-fluoro-1,6-dihydroxy-3-hexen-2-one

1 置換基は，OH，F，C=O．この中で優先順位が最も高い C=O が主基．

2 骨格となる炭化水素鎖は炭素が6個だから hexane．しかし，中に二重結合が1つあるので hexene となる．主基の C=O は語尾の -one で表すので hexeneone．hexene と one のつながりで母音 e と o が重なるので，前の方の e を落として，hexenone．

3 炭素鎖の端から番号を付けるが，右から付けた方が主基 C=O に小さな番号が付く（左からだと5番目）ので右から番号をつける．二重結合は3番と4番の炭素との間にかかっているが，番号の小さな方を指定する．F，OH を考えないで名前を付ければ，3-hexen-2-one．

4 置換基 F は fluoro-，OH は hydroxy-，f の方が h よりアルファベット順で前にくる（OH は2個あるので，dihydroxy- になるが，数を表す言葉は順番と関係がない）．全部をまとめると，5-fluoro-1,6-

dihydroxy-3-hexen-2-one．字訳すると，5-フルオロ-1,6-ジヒドロキシ-3-ヘキセン-2-オン．

6・3 無機化合物の表現

6・3・1 化 学 式

無機化合物の化学式，名称の基本は，無機化合物が**陽性成分**（**陽イオン**）と**陰性成分**（**陰イオン**）の組み合わせでできていると捉えることである．

化学式では，陽性成分を前に，陰性成分を後にして元素記号と原子数とを示す．陽性成分と陰性成分とは続けて書き，間隔は置かない．

　　例：$NaCl$, $(NH_4)_2SO_4$, Fe_2O_3

陽性成分，陰性成分がいくつもあるようなときにはそれぞれの中でアルファベット順に並べる．

　　例：$KMn(SO_4)_2$, $CaBrCl$, $NiCl(OH)$

イオンの電荷は化学記号の右肩に＋, 2＋, 3＋, …, －, 2－, 3－, … をつけて表す．1価のときには1を書かない．2価以上のときには，数字を先に電荷の符号を後に書く．Fe^{3+} であって，Fe^{+3} ではない．

6・3・2 無機化合物の名称

無機化合物の命名の原則は次のようにまとめられる．

1　英語名は陽性成分を前に，陰性成分を後にして作られる．この場合は，化学式と違って，各成分の名称の間にそれぞれ1字間隔を置く．陽性成分，陰性成分の間だけでなく，陽性成分，陰性成分が複数個あれば，それぞれの成分の間にも間隔を設ける．

　　日本語名は英語名とは逆に，陰性成分を前に，陽性成分を後にして作られる．また，各成分の名称の間に間隔を置かないで続けて書く．

2　陽性成分は元素の名前をそのまま使う．陽イオンの価数を示すときには元素名の後に括弧をつけ，価数をローマ数字で示す．

　　日本語名の場合，以前に使われていた第一鉄，第二鉄などのように第一，第二などによる区別は用いない．第一鉄ではなくて鉄（Ⅱ），第二鉄ではなくて鉄（Ⅲ）とする．

　　　　例：鉄の場合　iron（Ⅱ）（日本語名　鉄（Ⅱ））
　　　　　　　　　　　iron（Ⅲ）（日本語名　鉄（Ⅲ））

　　日本語名では英語名と違った元素があるので注意が必要である．
　　　　　　sodium ⇒ ナトリウム，potassium ⇒ カリウム，
　　　　　　uranium ⇒ ウラン

3　陰性成分は，1原子の陰イオンの場合，元素名の語尾を -ide に変えて書く．数原子からできた複雑なものは，陰イオンの元になった酸（陰イオンに水素イオン H^+ のついた形）の名前の語尾を -ate にして表す．例外として -ite を語尾とするものもある（従来，慣用的に用いられていたものである）．

　　日本語名は，英語名が -ide の場合，化合物の陰性成分を示すときは 一化，陰イオンそのものを示すときは 一化物イオン，-ate, -ite の場合，化合物の陰性成分を示すときは 一酸，陰イオンそのものを示すときは 一酸イオンという．Cl^- は塩化物イオンで，塩素イオンではない．塩素イオンは Cl^+ を意味する（実際に Cl^+ は存在する）．

＜主な陰性成分の名称＞

　　・-ide を語尾とするもの
　　　　単原子：Cl^-（chloride, 塩化），Br^-（bromide, 臭化），I^-（iodide, ヨウ化），O^{2-}（oxide, 酸化）
　　　　2原子以上：OH^-（hydroxide, 水酸化），CN^-（cyanide, シアン化）など少数

6・3 無機化合物の表現

- -ate を語尾とするもの
  - SO_4^{2-} sulfate, 硫酸；対応する酸…H_2SO_4 sulfuric acid
  - NO_3^- nitrate, 硝酸；対応する酸…HNO_3 nitric acid
  - CO_3^{2-} carbonate, 炭酸；対応する酸…H_2CO_3 carbonic acid
- -ite を語尾とするもの（例外的なもの）
  - SO_3^{2-} sulfite, 亜硫酸；対応する酸…H_2SO_3 sulfurous acid
  - NO_2^- nitrite, 亜硝酸；対応する酸…HNO_2 nitrous acid

イオンの価数（酸化数）を化合物名に表現するのに2つの方法がある．

i) 1化学種中に存在する成分の数を名称の前につけて示す．日本語名の場合漢数字を使う．

ii) 成分のイオン価を示す．このときは成分の数は書かなくてよい．

$FeCl_3$　第1の方式　iron trichloride, 三塩化鉄
　　　　第2の方式　iron(III) chloride, 塩化鉄(III)

第1の方式では，塩化物イオンの数が3であることが明示されているので，鉄の酸化数は特に表現しなくてよい．第2の方式では鉄が3価で，塩化物イオンの数は3に決まるので，塩化物イオンの数は特に言わなくてよい．

Fe_3O_4（FeO と Fe_2O_3 とが1：1で複合して構成された物質）は，酸化数を示すより組成を示して，triiron tetraoxide　四酸化三鉄　の方が便利であろう．半導体として脚光を浴びている GaAs は ガリウムヒ素 ではなくて ヒ化ガリウム が正しく（$Ga^{3+}As^{3-}$ と考える），GaN は 窒化ガリウム である．

注意しなければいけない命名に，$NaHCO_3$ のように水素のついたイオンを含むものがある．これを素直に見ると，$H^+Na^+CO_3^{2-}$ であるから，hydrogen sodium carbonate と名付けなければいけない．しかし，これは例外で HCO_3^- を一つの陰イオンと見て，hydrogencarbonate（炭酸水素イオン）という名前を与える（hydrogen と carbonate の間に切れ目を置かな

(陽 性 成 分)$_数$	(陰 性 成 分)$_数$
(中心原子の) アルファベット順または実際の結合の順序	(中心原子の) アルファベット順または実際の結合の順序

図 6·6 無機塩の式の基本構造

英語名

陽 性 成 分			空白	陰 性 成 分		
数を示す接頭語	名 称 語尾変化なし	(酸化数またはイオンの電荷数)		数を示す接頭語	名 称 -ate, -ide, (-ite)	(酸化数またはイオンの電荷数)
名称のアルファベット順				名称のアルファベット順		

日本語名

陰 性 成 分			陽 性 成 分		
数詞または数を示す接頭語	名 称	(酸化数) 酸，化	数詞または数を示す接頭語	名 称 語尾変化なし	(酸化数またはイオンの電荷数)
		酸，化 (イオンの電荷数)			
式中で陽性成分に近い方から			式中で陰性成分に近い方から		

図 6·7 無機塩の名称の基本構造

い).従って，$NaHCO_3$ は sodium hydrogencarbonate（炭酸水素ナトリウム）である．

図 6·6, 6·7 の原則を，複雑な化合物を実例に使って説明しよう．

例：$Fe_3^{III}K(OH)_6(SO_4)_2$

化学式：陽性成分は Fe^{3+} と K^+．アルファベット順に Fe K と並べる．陰性成分の OH^- と SO_4^{2-} では，中心元素の O を S より前に置いて，$(OH)_6(SO_4)_2$ の順に書く．

英語名：陽性成分 iron (Fe^{3+}) は potassium (K^+) よりアルファベットで上位．数を示す接頭語（この場合は tri）は順位と無関係．陰性成分 hydroxide (OH^-) は sulfate (SO_4^{2-}) より上位．

triion(III) potassium hexahydroxide bis(sulfate)

各成分の間にスペースを置く．$(SO_4)_2$ を表すのに bis を使い disulfate とはしない（例外）．disulfate は $S_2O_7^{2-}$ を表すからである．

日本語名：化学式から作る．陰性成分は，OH^-，SO_4^{2-} の順，すなわち六水酸化二硫酸．数を表すには漢数字を使う．陽性成分は，式で陰性成分に近い方から，すなわち K，Fe の順．カリウム三鉄(Ⅲ)．陰陽成分を間隔をあけず続けて，

六水酸化二硫酸カリウム三鉄(Ⅲ)

注：日本語名では陰性成分は，化学式の順に並べるが，陽性成分は，式の中でうしろ（すなわち陰性成分に近い方）を先にして並べる．これは，日本語名だけの特殊事情で歴史的産物であるが，決まりは決まりなので守らなければならない．

6・4 CAS 登録番号

化学式，名称と並んで，IT 社会で重要性を増しているのは，CAS 登録番号である．*Chemical Abstracts*（*CA*）が，一つ一つの化学物質に与えた番号である（§7・4 で詳しく説明する）．登録された順番に番号が与えられているので，この番号には系統性がない（例えば，安息香酸は *CAS* [65-85-0]，安息香酸ナトリウムは *CAS* [532-32-1] であって，類縁の化合物であるのに番号は離れている）．しかし，化学情報の全てが集まる *Chemical Abstracts* の物質情報はこの番号によって管理されているので，きわめて重要なものである．

番号に秩序性がないのなら，自分が知りたいと思う物質の登録番号はどのようにして探し出したらよいであろうか？ CAS 登録番号の重要性が浸透するとともに，各種の化学辞典・化合物辞典，さらには試薬のカタログにもこの番号が掲載されるようになってきた．正攻法でやるのなら，*CA* の索引か

ら調べるのだが，§7・4で述べるようにSTN Internationalのオンラインサービスを使うことができる．

6・5 複雑な化合物の命名

6・5・1 有機化合物

　有機化合物の命名で一番難しいのは，環式化合物の命名であろう．有機分子には様々な環がある．炭素以外の原子が入った環もある．

　環は1つではなく，いくつかの環が融合して（辺を共有して）複雑になる．それに適切な名称を与え，位置番号をつけるのは，経験を積んだ化学者にも難しい．絶えず修練を積んでいかなければならないところである．本書には，有機命名法の詳しいところに立ち入る余裕がない．読者は必要に応じて，その都度，詳しい参考書（巻末を参照）に当たって正しい名前を付ける訓練をしていただきたい．

　ここでは，命名がいかに難しいかを示す一つの例を挙げよう．新聞をにぎわしているものに"ダイオキシン"がある．これは一群の物質の総称であるが，最も毒性の大きなものは次の構造式のものであるといわれている．ところが，この名称は，新聞・テレビなどでも間違っているだけでなく，権威あるべき"化学大辞典（東京化学同人）"の初版にも誤って記載されている．

2,3,7,8-tetrachlorodibenzo[b,e][1,4]dioxin

1,4-dioxin

dibenzo[b,e]1,4-dioxin

専門家にとっても化合物の命名が難しいことを示す例である．

この物質の正しい名称は，2, 3, 7, 8-tetrachlorodibenzo[b, e][1, 4]dioxin (2, 3, 7, 8-テトラクロロジベンゾ[b, e][1, 4]ジオキシン) である．まず，骨格となる環に名前を付ける．酸素を含んだ6員環の両側に2個のベンゼン環が融合したとして命名する．酸素を示す oxa- の前にそれが2個あることを示す di- を置き，炭素以外の元素を含む不飽和6員環を表す -in を並べて，diox(a)in (母音が重なるのでaを落とす)．これが，酸素2個を含む不飽和6員環の名称である．この場合，酸素が1, 4の位置にあるので，1, 4-dioxin (下段・左)．

この環の辺に a, b, c, d, e, f (イタリックであることに注意) と記号をつけて，ベンゼン環との融合箇所を示す．この場合，b, e がベンゼン環 (benzo で表す) と融合しているので dibenzo[b, e]1, 4-dioxin とする (下段・右) (p-dioxin とは言えない)．

改めて，環全体に位置番号をつける．このとき，1, 4-dioxin は無視する．その代わり，カギかっこに入れて保存しておく．塩素のついている位置と個数を接頭語として示して (上段)，

2, 3, 7, 8-tetrachlorodibenzo[b, e][1, 4]dioxin

6・6 錯体の表現

高校の化学の段階でも，金属イオンの周囲にアンモニア分子が結合した $[Ag(NH_3)_4]^+$，$[Cu(NH_3)_4]^{2+}$，$[Fe(CN)_6]^{4-}$，$[Fe(CN)_6]^{3-}$ などの錯イオンを学ぶ．現代の化学では，このような錯体の重要性が増している．錯体に対しても，化学式の与え方，命名法が重要になっている．

錯体の中心原子は，金属に限らないし，また，中心原子に結合するもの (配位子という) もイオン性のものだけでなく，電気的に中性の化学種の場合もある．

6・6・1 化学式

錯体は [ ] で囲んで示す．カッコは直角カッコ [ ] であって，( ) でも { } でもない．よく間違えられるのであるが，〔 〕でないことに注意する．

[ ] の中では，先頭に中心になる原子を書き，次に配位子をアルファベット順に並べる．全体の電荷を示す場合には [ ] の右肩に書く（図6・8）．

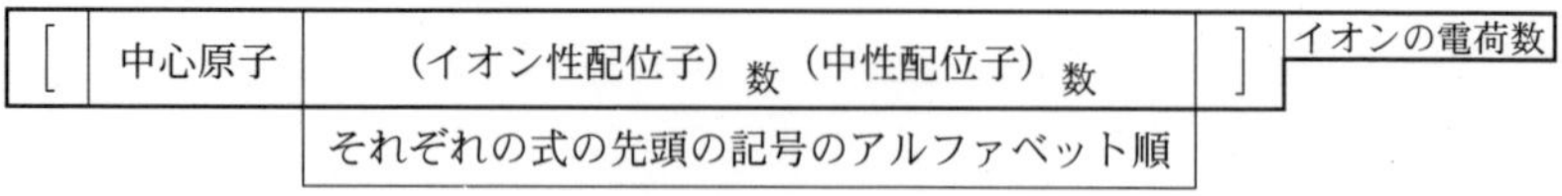

[	中心原子	（イオン性配位子）$_数$ （中性配位子）$_数$	]	イオンの電荷数
		それぞれの式の先頭の記号のアルファベット順		

図6・8　錯体の式

6・6・2　命名

英語，日本語の命名の原則は図6・9のようである．

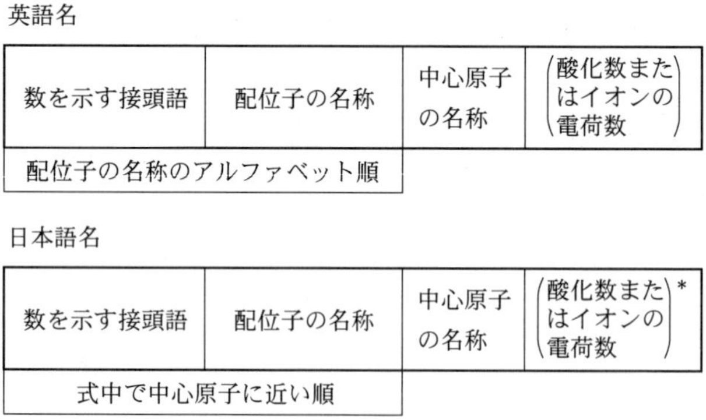

英語名

数を示す接頭語	配位子の名称	中心原子の名称	(酸化数またはイオンの電荷数)
配位子の名称のアルファベット順			

日本語名

数を示す接頭語	配位子の名称	中心原子の名称	(酸化数またはイオンの電荷数)*
式中で中心原子に近い順			

* 陰イオンの場合，"…中心原子名（酸化数）酸"，"…中心原子名酸（イオンの電荷数）"となる．

図6・9　錯体名称の基本構造

命名法では，化学式と違って，最初に配位子（種類と数）を並べ最後に中心原子の名称を置く．

6・6 錯体の表現

配位子の名前は，陰イオンの場合，配位していることを明確に示すため語尾をoにする（原則として，ide ⇒ ido- ate ⇒ ato- ite ⇒ ito-．例えば，H^-：hydride ⇒ hydrido-（ヒドリド），CH_3COO^-：acetate ⇒ acetato-（アセタト）．ただし，多くの例外がある．ハロゲンの場合，原則はchloride ⇒ chlorido- であるが，chloro-（クロロ）とする．同様のケースとして，OH^-：hydroxide ⇒ hydroxo-（ヒドロキソ））．

金属には中性分子が配位することも多いが，そのときは分子名そのままを配位子名とする．ただし，最もよく現れるNH_3はammoniaではなくammine（アンミン）とする．

錯体全体が電気的に中性か，プラスの電荷を持つ場合には，中心原子の名称は元素名とする．一方，錯体全体がマイナスの電荷を持つ場合には，中心原子の元素名の後に英語の場合には -ate，日本語の場合には 一酸 とする．この場合，元素名と違う言葉を使う場合がある．

例外　鉄；-ironate　　でなくて　-ferrate（鉄酸）
　　　銅；-copperate　でなくて　-cuprate（銅酸）
　　　金；-goldate　　でなくて　-aurate（金酸）
　　　銀；-silverate　でなくて　-argentate（銀酸）

錯体では電荷が重要である．電荷を示すには，中心原子の電荷を示す場合（**Stock方式**）と，錯体全体の電荷を示す場合（**Ewens-Bassett方式**）とがある．

　　Stock方式：中心原子の酸化数をローマ数字で示す
　　Ewens-Bassett方式：錯体全体の電荷をアラビア数字と＋，−で示す

錯体の命名は例外が多くて難しい．本格的には，巻末にあげた参考書に就いていただきたい．

実例
　　$[Cu(NH_3)_6]^{2+}$：2価のCu(II)イオンの周りに6分子（hexa）のNH_3
　　　　　　　（ammine）が結合している．全体として陽イオンなので

中心元素の名称は元素名をそのまま用いる．

　　　　　Stock 方式：hexaamminecopper(Ⅱ)
　　　　　　　　ヘキサアンミン銅(Ⅱ)イオン
　　　　Ewens-Bassett 方式：hexaamminecopper(2+)
　　　　　　　　ヘキサアンミン銅(2+)イオン

$[Fe(CN)_6]^{4-}$：鉄の酸化状態を示すために，$[Fe^{Ⅱ}(CN)_6]^{4-}$ と書いてもよい．2価の Fe(Ⅱ)イオンの周りに6分子 (hexa) の CN^- (cyano) が結合している．全体として陰イオンなので中心元素の名称は元素名を陰イオンの形 ferrate(Ⅱ) に変える．

　　　　　Stock 方式：hexacyanoferrate(Ⅱ)
　　　　　　　　ヘキサシアノ鉄(Ⅱ)酸イオン
　　　　Ewens-Bassett 方式：hexacyanoferrate(4−)
　　　　　　　　ヘキサシアノ鉄酸(4−)イオン

陰イオンの場合，Ewens-Bassett 方式では電荷が酸の後にくることに注意する．

$K_4[Fe(CN)_6]^{4-}$：Stock 方式：potassium hexacyanoferrate(Ⅱ)
　　　　　　　　ヘキサシアノ鉄(Ⅱ)酸カリウム
　　　　Ewens-Bassett 方式：potassium hexacyanoferrate(4−)
　　　　　　　　ヘキサシアノ鉄酸(4−)カリウム

$[Fe(CN)_6]^{3-}$：Stock 方式：hexacyanoferrate(Ⅲ)
　　　　　　　　ヘキサシアノ鉄(Ⅲ)酸イオン
　　　　Ewens-Bassett 方式：hexacyanoferrate(3−)
　　　　　　　　ヘキサシアノ鉄酸(3−)イオン

$[Fe(CN)_5(H_2O)]^{3-}$：化学式において，配位子 CN^-，H_2O では C が H より上位なので，CN を H_2O より前に置く．名称で

は，H_2O の aqua（アクア）が cyano（シアノ）より前．そこで

Stock 方式：aquapentacyanoferrate(Ⅱ)
　　　　　　　アクアペンタシアノ鉄(Ⅱ)酸イオン
Ewens-Bassett方式：aquapentacyanoferrate(3−)
　　　　　　　アクアペンタシアノ鉄酸(3−)イオン

化合物名の発音

　化合物名の発音は複雑である．英語でも，アメリカ人のものとイギリス人のものとは違うし，ましてインド人のものはもっと違う．また発音は時代とともに変わる．そこで，英語の綴りを機械的にカタカナに移し替える字訳が考えられたのである．字訳では，英語と日本語とで使われる音が違うため（例えば，日本語ではrとl，hとvとの区別がない），同じ硫黄に関するものでも，$-SO_3H$ はスル"ホ"ン酸であるのに，$-SO_2H$ はスル"フィ"ン酸であるなど不統一不自然と思われるものも現れるが，決まりなので当分の間は我慢しなければならない．日本語の音（母音・子音）は外国語の影響でより豊富になってきている．昔はvとbを区別していなかったが，最近ではvをヴと表したりして，ワープロでもこの字がでてくる．しかし，習慣はなかなか変わらず，依然として"テレビ"であって，"テレヴィ"ではない．

第7章

化学物質の情報の発信と収集

　化学は積み重ねが重要な学問である．世代ごとに集積されてきた物質についての情報が，絶えず革新されている理論によって体系づけられ，新しい化学の世界が広がっていく．我々の先輩たちの作り出した化学情報を上手に利用し，我々の作り出す新しい情報を後の人が利用しやすい形で提供していくことは，化学の専門家として基本的な修練（discipline）である．ここでは，まず，化学物質だけでなく，広い意味での化学情報の流れをおさえ，それに基づいて化学物質に関する情報の利用と提供の仕方を述べよう．

7・1　化学物質についての情報にはどんなものがあるか

化学物質に関する情報には次のようなものがあるだろう．

1　物質と化学構造
2　物質の取り出し方，作り方（合成）

　　どのようにしてきれいな形で取り出すか（天然物に含まれている場合など）

　　合成の仕方（人工の合成物の場合）

3　物理的性質

　　融点，沸点，溶解度，スペクトル，機能性（弾性，塑性，電気伝導度，磁性，熱特性，光特性など）

　　（学問の発展とともに内容が広く，深くなっている）

4　反応
5　生物に対する作用（薬理作用，毒性など）
6　実用

例えば，漢方薬の中から癌に効く薬理作用の優れた物質を取り出し，その化学構造を決める，C_{60}（フラーレン）（図7・1）のように特異な構造を持つ物質を人工的に作り出し，その面白い物理的性質・反応を明らかにしていくなどである．ある場合は，扱っている物質が古くから知られたありふれたものであっても，これまで気づかれなかった有用な反応性，物理的機能性（電気伝導，磁性，光学的機能性（フォトクロミズム，液晶性など），生理作用，薬理作用など）が発見されたとなると，それをきっかけに新しい学問分野が開けることもある．

　化学物質の情報のリストを見ると，化学の全体が含まれていることに気づく．化学は，理論

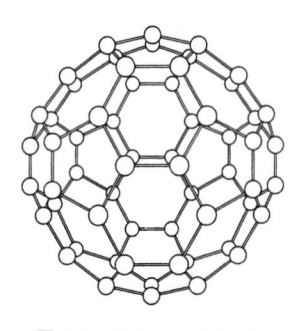

図7・1　フラーレンの構造

体系もさることながら，個々の化学物質の構造と特性とによってその強さを発揮している学問であることが理解される．それ故，化学情報は化学物質をもとに整理されているのである．

7・2 発信側から見た化学情報の流れ

毎日新しい化合物が作られ，また新しい物質だけでなく，これまで知られていた物質についても，新しい性質が見つかる．ある場合は学術研究の成果であることもあるし，ある場合は企業の特許情報であることもある．これらの化学情報は，学問の面では，学問の進歩に対する貢献ということでノーベル賞などの名誉に輝き，あるときは，激しい企業間の特許競争に打ち勝ち，金儲けの元にもなる．情報は早い者勝ちである．価値のある情報を先に出した者は，独占的に大きな名誉や富を得ることができる．ノーベル賞はよい例である．世界で"**最初に**"それを発見したことが決定的な価値を持つ．何人かの研究者が同時に同じ問題を追求していたとしても，その名誉は最初に正しい結論を発表した人の独占物になる．

ここでは化学物質だけに止まらず，広く化学情報の流れを見ることとしよう．まとめると図7・2のようになる．

化学者は，化学に新しい情報を提供するために研究をする．高専，大学の学生も，卒業研究に入ると，最先端の研究に一翼を担うことになる．毎日の実験・理論計算では膨大な量のデータが出てくる．これらを，"0次情報"といっておこう．

0次情報の中から，新しい（それまで知られていなくて），かつ，価値のある情報（純学問的には，それがきっかけになって新しい研究が呼び覚まされるもの，応用の面では，有用な特性を持つものを発見したり，そのような物質を創り出す方法を発明するなど）が選び出されて，学術論文，特許の形で世の中に公表される．これが"1次情報"と呼ばれるものである．

第7章 化学物質の情報の発信と収集

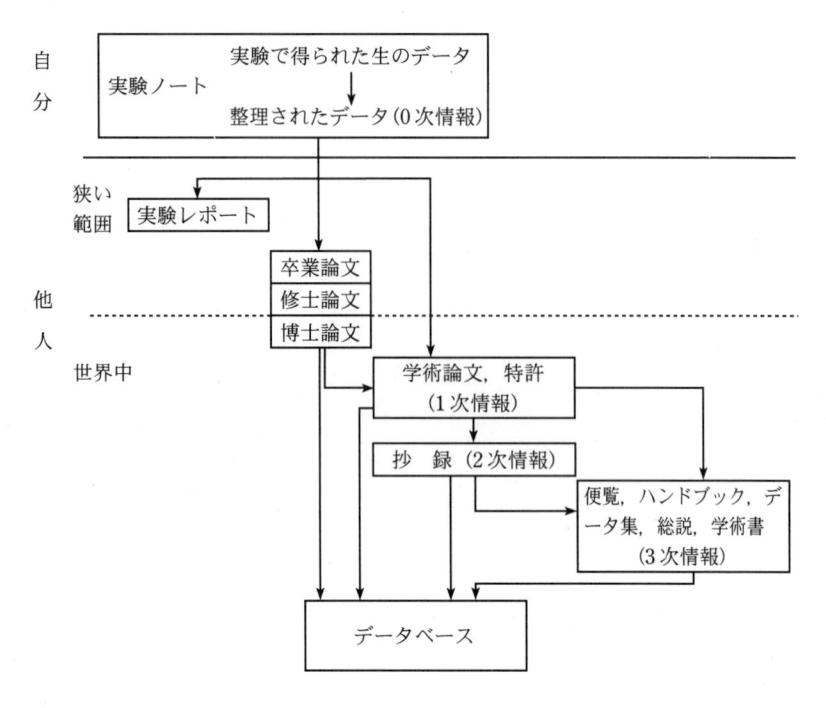

```
自分  ┌─────────────────────────┐
      │ 実験ノート  実験で得られた生のデータ │
      │            整理されたデータ(0次情報) │
      └─────────────────────────┘
─────────────────────────────────
狭い   ┌──────┐
範囲   │実験レポート│
       └──────┘
       ┌──────┐
       │卒業論文 │
他人    │修士論文 │
       │博士論文 │
       └──────┘
- - - - - - - - - - - - - - - - - - - - - - - -
世界中   ┌───────────┐
        │学術論文,特許    │
        │  (1次情報)    │
        └───────────┘
        ┌───────────┐
        │ 抄 録 (2次情報) │
        └───────────┘
                        ┌────────────┐
                        │便覧,ハンドブック,デ│
                        │ータ集,総説,学術書 │
                        │   (3次情報)    │
                        └────────────┘
        ┌───────────┐
        │  データベース    │
        └───────────┘
```

図7・2 化学情報の流れ

　学術論文は，学問の世界で認められている学術雑誌に投稿して，審査を受け，審査に合格したものが掲載される．特許も，最終的には国家機関での厳しい審査を通らなければならない（特許については，§7・5参照）．

注：学術雑誌は，各国の学会が出版しているものと，出版社が商業ベースで出しているものとがある．各国の学会が出版しているといっても，国際的で，アメリカ化学会（American Chemical Society）の *Journal of the American Chemical Society*（*J. Am. Chem. Soc.* と略称，このとき省略を示す"."を忘れないように．雑誌名を表すときにはイタリックが用いられることが多い）は，全世界の化学者から注目されているので，世界中から高い水準の論文が集まる．学術雑誌の代表的なものを**表7・1**に示した（下線で示す部分で簡略に表現する）．

7・2 発信側から見た化学情報の流れ

表 7・1 代表的な 1 次情報誌

Journal of Organic Chemistry(*J. Org. Chem.*) アメリカ化学会

Inorganic Chemistry(*Inorg. Chem.*) アメリカ化学会

Journal of Physical Chemistry(*J. Phys. Chem.*) アメリカ化学会

Organometallics(*Organometallics* 省略がないのでピリオドを付けない) アメリカ化学会

Bulletin of the Chemical Society of Japan(*Bull. Chem. Soc. Jpn.*) 日本化学会

Chemistry Letters(*Chem. Lett.*) 日本化学会

Tetrahedron(*Tetrahedron*) 有機化学関係の論文を集めた国際的な商業誌, 出版社 Pergamon Press

Tetrahedron Letters(*Tetrahedron Lett.*) 上記の速報誌

2 次情報 (図 7・2 参照)

　学術論文, 特許として公表される化学情報はおびただしい (2002 年 1 年間に約 80 万 4 千件: CA の収録件数). そこで, これらを整理し, 概略だけでも速く学会, 産業界に知らせることが必要になる (後から述べる, 受信側からの情報収集に不可欠である). それには, 世界中の新しい化学情報を抜け落ちがないように網羅した出版物が必要である. その役割を果たしているのがアメリカ化学会が出版している *Chemical Abstracts* (ケミカル・アブストラクツ: CA と略称する) である. そこには, 情報の発信源 (著者, 研究の行われた大学・研究所, 学術雑誌名, 巻・号・掲載ページ) と内容 (題名, 概要 = abstract) が要領よく抄録される. この雑誌では, 各種の索引 (事項, 化合物 (名称および化学式), 著者など) が完備している (抄録部分と索引部分のページ数がほぼ同じなのはこれを示している). CA では, 化学物質の一つ一つに登録番号 (registry number) を与えている (§6・1 参照). 後から述べるように, 索引と登録番号は情報を探す側からみて極めて便利である.

CAは，印刷された冊子本（1年分でも膨大な量になる）から，インターネットを使った情報検索システムに置き換えられつつある．

3次情報（図7・2参照）

CAに集められた情報は，最新のものまでカバーするものであっても，体系的に組織されたものではない．そこで，重要なテーマについては，情報を網羅的に集め，それらの価値を評価した上で，体系的に整理・構築した総説が書かれることがある．総説だけを掲載する学術雑誌（例えば，<u>Chemical Reviews</u>, <u>Accounts of Chemical Research</u>（Chem. Rev., Acc. Chem. Res.）など）も少なくないし，一般の学術雑誌の一部が総説に当てられることがある（例えば，<u>Bulletin of the Chemical Society of Japan</u>）．総説には，広いテーマについて，大局的に学問の現状をとらえる，いわゆる review と，執筆者自身の研究を中心に，関連する他の研究者の仕事とともに研究の最前線を記述する，いわゆる accounts がある．いずれにしても，その学問領域の研究の流れ，残された問題点などを知るのに便利である．ある場合には，何百ページもの単行本としてまとめられることもある．

化学物質の情報についていえば，知られている物質の全ての情報（それが書かれた時点で）を体系的にまとめたハンドブック（有機化合物ならBeilstein（バイルシュタイン），無機化合物ならGmelin（グメリン）．ハンドブックといっても，現在では双方とも1冊数キログラムの本100冊以上）に集大成されている．その他，化合物の物性やスペクトルデータを集めたデータブックもある．

バイルシュタインの Handbuch der Organischen Chemie（Handbook of Organic Chemistry）は，1800年代にドイツの化学者 Beilstein が，当時増え続けてきた化合物の情報をコンパクトにまとめて，化学者の便を図ったのに由来する．ハンドブックという名前が付いているのはそのためである．これが，ドイツの国家的事業として発展継続されたのである．"バイルシュタ

イン"と俗称される.

　バイルシュタインは信用のおけるデータを集め，網羅的，体系的に書かれているが，約10年ごとの増補なので，最新情報は得られない．しかし，最近は本（ハードコピー）としての出版を止め，インターネットを通じた電子情報として提供されることになった．これだと，100年以上の蓄積が一度で（これまでは，本編，増補編（それも数次の）に分かれていたので検索が面倒であった），また英語で（元はドイツ語で書かれていた．これを使いこなすために年輩の化学者はドイツ語を勉強しなければならなかった）検索できることになった．

　グメリンの Handbuch der Anorganischen Chemie は無機化合物に関する情報の集積である．バイルシュタインと違って，増補のペースが元素によってまちまちであった．これもバイルシュタインと同様でインターネットを使って便利に検索できる．

　CA，バイルシュタイン，グメリンの情報は網羅的である．全ての情報が漏れなく収録される．網羅的であるのは見落としがなくてありがたいが，情報量が多すぎて，情報検索に時間と労力がかかりすぎる．

　そこで，重要な物質について，製法，物性，反応を簡潔にまとめた，化合物辞典，便覧なども出版される．代表的なものの一つに，**Merck Index** がある．これは試薬メーカーとして著名なドイツの Merck 社が，編集して絶えず改訂しながら出版し続けているもので，製法，物性，反応，毒性などが適切な文献引用を含めて簡潔に記されている．その他，たくさんの化合物辞典・便覧があるが，これらは受信側から見た化学情報の流れに即して見る方がよいので次節に回そう．

7・3 受信側から見た化学情報の流れ

我々が，化学の領域で仕事をしようというときには，過去に（それも昨日までに）何が分かっていて，何が分かっていないのかを知っていなければならない．たとえ知らなかったにせよ，人がすでにやっていたことを自分が初めてやったように言うのは許されない．また，人のやったことを知らないで繰り返すのは無駄である．

前節では，発信する側からの化学情報の流れを見た．ここでは逆に，受信（利用）する側から見てみよう．簡単に言ってしまえば，情報の受信は，発信と逆の手順でやればよい．

1 体系的な情報を3次情報（ハンドブック，単行本，総説）から得る．
2 関連する情報を抜け落ちがないように（網羅的に），また最新のものまで収集し，自身で整理，体系化する．

   これには，CA 誌を中心にしてバイルシュタイン，グメリンなども含めて組み立てられているオンライン検索を上手に活用するのがよいだろう．
3 バイルシュタイン，グメリン，CA，総説などに指示されている原著論文を探し出し，詳しい情報を得る．
4 得られた情報を批判的（正確さ，自分の研究目的に対する重要性に基づいて）に整理して，自身の研究に対する基礎とする．研究を計画する者は，自分の研究目的と関連する情報を全て集めて内容を検討し，研究の現状を把握しておかなければならない．

ここでは，化学物質についての情報の収集の過程をたどってみよう．

本格的な研究でない場合（例えば，学部での練習実験），あるいは，本格的な研究であっても研究材料などについての情報を得るのなら，CA，バイルシュタイン，グメリンなどの網羅的な情報でなくても，便覧，化合物辞典などの情報で十分であろう．

7・3 受信側から見た化学情報の流れ

工業的に生産され,供給されている主な化学薬品についての情報(法律の規制,荷姿,性状,用途,製造業者,製法,価格,取り扱い注意など)をまとめて,生産・販売の現場で便利に使えるものに次のものがある.

14504の化学商品(化学工業日報社)

(2004年版,この数は版を重ねるごとに大きくなっていく)

また,Pergamon Press 社から出版されている "Comprehensive Organic Chemistry" 全6巻(D. Barton, W. D. Ollis 編,1979〜)と,その成功によって続刊された,特定分野についてのさらに詳しい情報をまとめた "Comprehensive" シリーズ(Comprehensive Heterocyclic Chemistry, Comprehensive Organometallic Chemistry, Comprehensive Coordination Chemistry など)は,化合物の体系を簡潔にまとめていて,大局的な知識を得るのに便利である.

CA およびバイルシュタイン,グメリンなどのハンドブック類の検索は,完備された索引(特に CA では,事項,化合物,著者などから検索できる)から行う.索引の上手な使い方が化学者の一つの技能といってよかった.しかし,現在は,ハードコピーの時代が終わり,オンライン検索の時代になった.これまでの情報がまとまって整理されて供給されるので,一冊一冊を手で繰りながら時間をかけて調べる必要がない.さらに,CA,バイルシュタイン,グメリン,物性・スペクトルなどについてのデータベース(50以上あるといわれる)が連結されていて,これらを一度にオンラインで検索することができる.

注:オンライン検索にはお金がかかる.費用は,調べ方の上手下手でひどく違ってくる.データベースの利用に当たっては,講習会に出席するなど十分に使い方を理解した上で,利用する必要がある.

7・4　化学物質についてのオンライン検索の実際

　化学物質についての情報検索は，STN International オンライン検索システムを利用して行う．STN とは The Scientific and Technical Information Network のことで，アメリカ化学会の Chemical Abstracts Service (CAS)，バイルシュタイン，グメリンを管理しているドイツの Fachinformationszentrum Karlsruhe (FIZ Karlsruhe)，それと日本の科学技術振興事業団（JST）が共同で提供している国際オンラインネットワークシステムである．

　STN による化学情報の関連は，図7・3のようになっている．アクセスの仕方には幾通りもの方法があるが，CAS の registry ファイルから入る次の方法は効率的で勧められる（CA だけでなくバイルシュタイン，グメリンその他のデータベースにも同時にアクセスすることができる）．

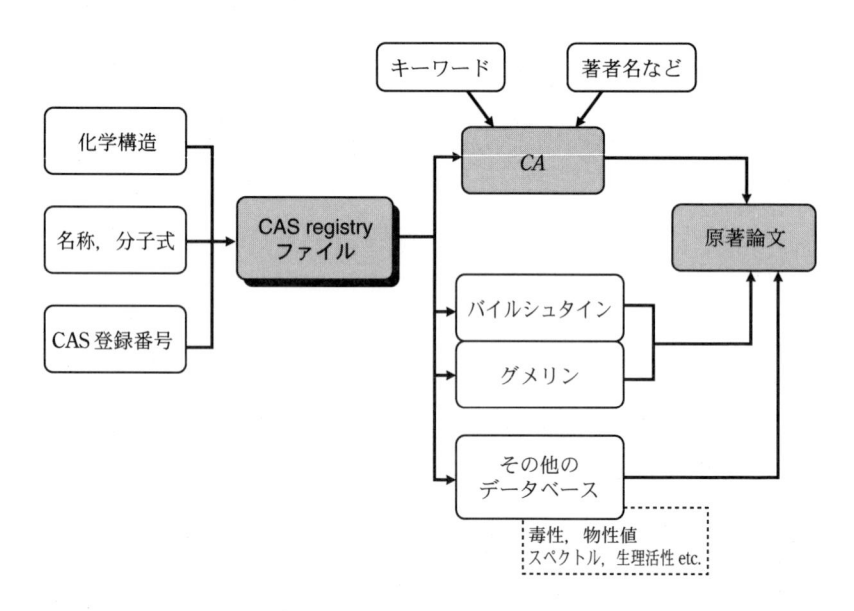

図7・3　化学物質に関する情報の検索

化学物質についての情報検索では，まず，CAS の registry ファイルにアクセスする．ここには，次の3つから入ることができる．

化学構造

名称，分子式

CAS 登録番号（§6・4参照）

化学構造などをシステムが決めた方法で書いておき，決められた方法で CAS の registry にアクセスする．CAS 登録番号（CAS registry number）が分かっていれば（前にも述べたように，基本的な物質の登録番号は，化合物辞典，便覧，試薬カタログなどにも載っている），それから入るのが最も便利である．そこで提示される情報の1例を図 **7・4** に示す．

ここに到達できると，どのような情報がどのデータベースに入っているかが分かり，registry ファイルをキーステーションにして，様々なデータベースにアクセスして必要な情報を手に入れることができる．

CA の情報は，化合物以外の事柄からも検索できる．例えば，物性，毒性などを指定して，該当する性質を持つことが報告されている物質にはどのようなものがあるかを検索することもできる．

CA（オンライン検索を含めて），総説，単行本，ハンドブック類には，情報源となる元の学術論文（原報），特許などが指示されていて，原報に当たって詳しい情報にアクセスすることができる．学術雑誌は非常に多いので，一つの研究機関，企業の研究所などで全てを購入することはできない．いくつかの研究機関の図書館（東京工業大学など）が拠点になって，雑誌の収集に当たっている．従って，拠点図書館などに依頼すれば，論文のコピーを取り寄せることができる．また，最近では，インターネットで最新の論文が流されるようにもなってきた．その他，著者に連絡（e-mail，手紙など）すれば，論文の別刷りを送ってもらえる．

原報のありかは，著者名，学術雑誌の誌名，巻，ページ，発行年を示すことで特定できる（論文題目は書かなくても分かる）．それ故，論文や総説の

```
                  =>
                  Uploading sam.str

                  L1        STRUCTURE UPLOADED

                  => d que l1
                  L1                      STR
構造式
で入力  →

                  Structure attributes must be viewed using STN Express query preparation.

                  => s l1 exa full
                  FULL SEARCH INITIATED 10:13:21 FILE 'REGISTRY'
                  FULL SCREEN SEARCH COMPLETED -      65 TO ITERATE

                  100.0% PROCESSED        65 ITERATIONS                     1 ANSWERS
                  SEARCH TIME: 00.00.01

                  L2              1 SEA EXA FUL L1

                  => d

CAS               L2    ANSWER 1 OF 1  REGISTRY   COPYRIGHT 2001 ACS
登録番号  →      RN    18615-86-6  REGISTRY
                  CN    4-Pyridinol, 2-methyl- (6CI, 8CI, 9CI)   (CA INDEX NAME)
                  OTHER NAMES:
   名称  →       CN    2-Methyl-4-hydroxypyridine
                  CN    4-Hydroxy-2-methylpyridine
                  FS    3D CONCORD
この物質に        MF    C6 H7 N O
についての情      CI    COM
報を含むデ   →   LC    STN Files:    BEILSTEIN*, CA, CAOLD, CAPLUS, DETHERM*
ータベース              (*File contains numerically searchable property data)
```

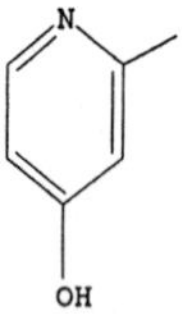

各データベ
ースに含ま   →   5 REFERENCES IN FILE CA (1967 TO DATE)
れる文献数   5 REFERENCES IN FILE CAPLUS (1967 TO DATE)
                  1 REFERENCES IN FILE CAOLD (PRIOR TO 1967)

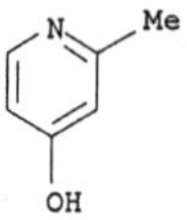

図7・4　CAS registry ファイル

7・4 化学物質についてのオンライン検索の実際

```
                    L5   ANSWER 1 OF 5   CA   COPYRIGHT 2001 ACS
CA抄録番号            AN   132:78267 CA
   タイトル           TI   Thermochemistry of substituted pyridines and analogous heterocycles: the
                         enthalpic increments for a group additivity scheme
    著 者            AU   Ribeiro Da Silva, Manuel A.
   研究機関           CS   Centro de Investigacao em Quimica, Department of Chemistry, Faculty of
                         Science, University of Porto, Oporto, 687 P-4069-007, Port.
   原著論文           SO   Pure Appl. Chem. (1999), 71(7), 1257-1265
   掲載雑誌                CODEN: PACHAS; ISSN: 0033-4545
                    PB   Blackwell Science Ltd.
                    DT   Journal
                    LA   English
                    CC   22-13 (Physical Organic Chemistry)
                         Section cross-reference(s): 69
    抄 録            AB   Values available in the literature for the std. (p.degree. = 0.1 MPa)
                         molar enthalpies of formation in the gaseous phases, at temp. 298.15 K,
                         for substituted pyridines, such as methylpyridines, hydroxypyridines,
                         aminopyridines, cyanopyridines, chloropyridines and bromopyridines are
                         reviewed, discussed and interpreted in terms of contributions from atoms,
                         bonds and group of atoms as well as their interactions within the mols.
                         The enthalpic increments for each group contribution are calcd. and
                         suggested as parameters for a Group Additivity Scheme for the estn. of
                         std. molar enthalpies of formation, in the gaseous state, of substituted
                         pyridines.  The validity of this approach is verified for different
                         substituted pyridines.  The scheme is tested with exptl. values available
                         for the std. molar enthalpies of formation of substituted quinolines.
```

図7・4　CAS registry ファイル（つづき）

文献引用には，これらを記載する．

　CAや総説でおおよその内容を知った上，自身の研究を遂行するのに必要な論文は，原著論文に当たる．先にも述べたように，学術雑誌の数は膨大であって，必要な論文を載せた雑誌を所属大学が購入しているかどうか分からない．そのようなときには図書室に行って，司書の職員に相談すると，他大学・研究機関のどの図書館がそれを持っているかを教えてくれるので，そこに行って調べるか，コピーを依頼する．オンラインサービスでも原著論文のコピーサービスをしている．新しい論文については，インターネットを利用するのが便利になってきている．

　文献の整理には，
　　論文題名
　　著者名
　　雑誌名
　　巻，ページ（年）
　　内容の要約

をまとめておく．昔は文献カードを使って整理をしていたが，最近では，コンピュータを使って文献整理をすることが多くなった．いずれにしても，CA や総説の孫引きではなく，原論文を取り寄せて読み，自分で整理しておくことが望ましい．

化学情報のインターネットによる検索の実際については巻末の参考書の他に，『第 5 版 実験化学講座 1 基礎編 I（実験・情報の基礎），丸善，p. 259-307（2003）』に分かりやすく書かれている．

7・5 特許の基礎知識

化学物質との付き合い方に関して，特許についても簡単に触れておいた方がよいであろう．化学者（特に応用化学者）は有用な物質の創製を目指して努力する．その成果は，知的財産として特許の形で保護される．有用な物質（例えば医薬）の特許は，物質が対象になる（古くは製法特許であったために，製法を変えて特許のがれをすることもあったが，現在は物質特許になっている）．従って，新しい物質の創製は特許と結びついて経済的にも重要である．

特許は，学術論文の形で公表された後では取得することができない．学術論文に記述されている成果は，人類全体の財産でお金儲けの元にはならないというのが基本的な考え方である．従って，特許を取る場合は，学術論文として発表する前に，特許を出願しておかなければならない．特許についての見通しが付いたところで，（学術的価値の高いものは）学術論文として発表することになる．

注：これは学術的な面でマイナスになることもある．同じような研究が競争で行われていたとき，特許を取るために発表を遅らせている間に，相手が先に学術論

文として発表し，学問的に"先取権 (priority)"を取られてしまうこともある．

"技術立国"がいわれればいわれるほど，特許の問題は切実になる．化学者も，早い時期に特許の仕組みについて学んでおくのがよいだろう．

特許は，"有益な発明を保護するもので，その技術を公開する代償として，一定期間の独占権を認め，法律で保護する"ものである．

特許として認められるためには，次の条件を満たしていなければならない．

新規性：これまで知られていた（使われていた，あるいは公表されていた）ものとは全く異なった新しい技術であること

有用性：産業に応用され有益に使われる（可能性がある）こと

開示性：その分野の技術者が追試して，再現できるのに十分なデータを含んでいること

特許の審査過程は，国によって違う．日本の場合，この申請は図7・5の過程を通って，特許が成立する（あるいは成立しない）ことになる．

発明者は，一定の書式に従って発明内容を書いた，特許明細書と願書を政府（日本なら特許庁）に申請する．書類の形式についての審査を経て，特許の内容は，1年半後「広報」に掲載され（出願公開という．この段階では，内容に関する審査は行われていない），社会に対して情報が提供される．

注：アメリカの特許制度では，特許の公開を回避することができることになっている．

さて，特許出願者は次の段階で二つの態度をとることができる．一つは，特許の審査請求をすることで，この請求は，特許出願から3年以内に出さなければならない．もう一つは，自身の発明があまり大きなインパクトを持っ

第7章　化学物質の情報の発信と収集

> 日本の特許制度

特許の手続き―出願から設定登録まで

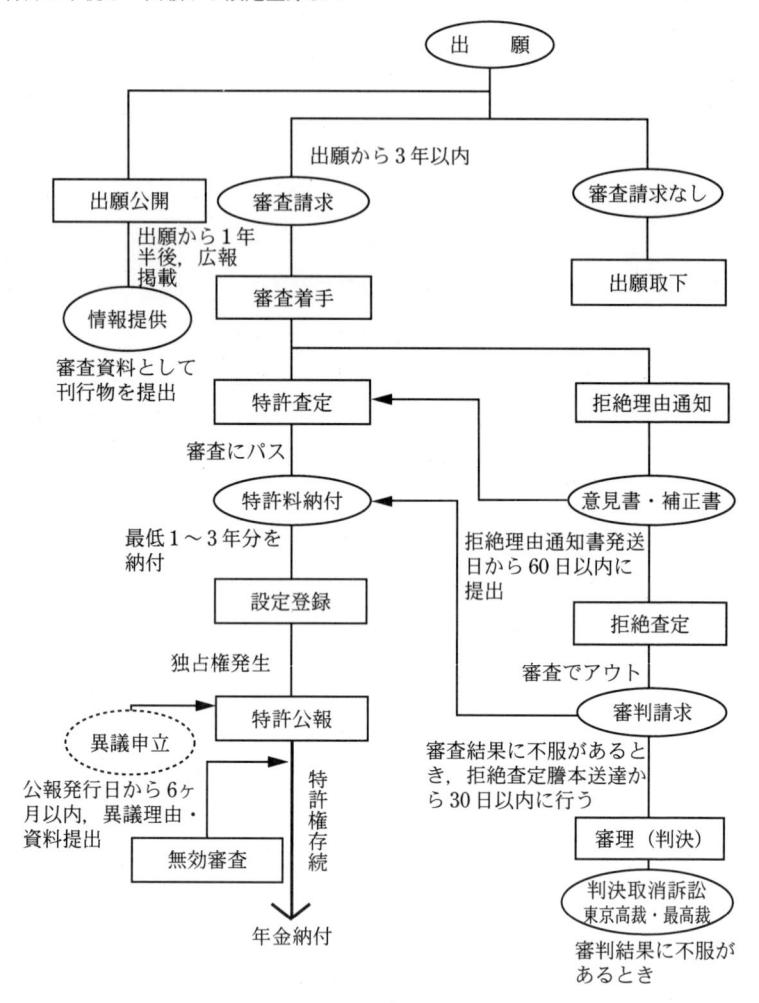

```
                        ┌──────────┐
                        │  出　願  │
                        └──────────┘
                     出願から3年以内
   ┌──────────┐   ┌──────────┐     ┌────────────┐
   │ 出願公開 │   │ 審査請求 │     │ 審査請求なし│
   └──────────┘   └──────────┘     └────────────┘
   出願から1年          │                 │
   半後，広報           ▼             ┌──────────┐
   掲載            ┌──────────┐       │ 出願取下 │
                   │ 審査着手 │       └──────────┘
   ┌──────────┐   └──────────┘
   │ 情報提供 │        │
   └──────────┘        ▼
   審査資料として ┌──────────┐     ┌────────────┐
   刊行物を提出   │ 特許査定 │◀────│ 拒絶理由通知│
                  └──────────┘     └────────────┘
                  審査にパス              │
                       ▼             ┌────────────┐
                  ┌──────────┐       │意見書・補正書│
                  │ 特許料納付│◀────└────────────┘
                  └──────────┘     拒絶理由通知書発送
                  最低1～3年分を    日から60日以内に
                  納付              提出
                       ▼                  │
                  ┌──────────┐       ┌──────────┐
                  │ 設定登録 │       │ 拒絶査定 │
                  └──────────┘       └──────────┘
                  独占権発生          審査でアウト
                       ▼                  ▼
                  ┌──────────┐       ┌──────────┐
   ┌──────┐      │ 特許公報 │       │ 審判請求 │
   │異議申立│────▶└──────────┘       └──────────┘
   └──────┘           │ 特       審査結果に不服があると
   公報発行日から6ヶ    │ 許       き，拒絶査定謄本送達か
   月以内，異議理由・   │ 権       ら30日以内に行う
   資料提出             │ 存            ▼
                  ┌──────────┐ 続   ┌──────────┐
                  │ 無効審査 │       │審理（判決）│
                  └──────────┘       └──────────┘
                       ▼             ┌────────────┐
                   年金納付          │ 判決取消訴訟│
                                      │東京高裁・最高裁│
                                      └────────────┘
                                      審判結果に不服が
                                      あるとき
```

このフローチャートで，◯は発明者が，☐は特許庁が，⋯は
その特許に異議のある者（個人あるいは法人）がする仕事を示す．

図7・5　特許審査のフローチャート
　　　　（有限会社　インテックのホームページを参考に作成）

ていないと判断して，審査請求をしないことである．この場合には自動的に出願が取り消されたことになる．

　出願者が審査請求をすると，本格的に審査が始まる．申請内容は，特許庁の審査官によって審査される．出願の内容が，特許として適当であると判断されれば特許査定に進み，審査にパスすることになる．特許として認めるには難点があると判断された場合には，その理由を書いた拒絶理由通知が出願者に送られてくる．出願者は，自分の発明が特許として成立する正当性を反論としてまとめ，一部については特許内容を補正し，意見書・補正書として特許庁に提出する．これが再び特許庁で審査され，審査の合否が決められる．審査にパスしたものは，特許査定に進む．

注：特許庁の審査で拒絶され，特許がパスしなかった場合でも，出願者が不服な場合には裁判で争うことは可能である．

　特許査定を受けたものは，特許料を支払って設定登録となる．しかし，この段階でも特許は完全ではない．設定登録は「特許公報」に載せられるが，それを見た競争的な立場にある企業や個人が特許庁に異議を申し立てることができるからである．異議申し立てがあると無効審査が行われ，どちらの言い分が妥当かが特許庁の審査官によって裁定される．

　このような試練をくぐり抜け，さらに特許維持のために年金を納付することによって，特許権は存続する．

　特許では，その技術的・経済的側面が強調されるが，化学情報としても重要である．それ故，CA 誌は学術論文と同様に，各国の特許情報を掲載している（出願公開の段階と特許公報に載せられた段階の二つの場合がある）．CA の抄録数は，2002 年度において原著論文 63 万件に対し，特許は 17 万件であった．さらに，CA 誌の索引には特許だけを扱う Patent Index があ

り，特許情報が重視されていることが分かる．

特許情報の検索には，CA のオンライン検索が便利に使える．

幻の元素 ニッポニウム

　元素には，発見者の思い入れを背負った名前が付いていることが多い．キュリー夫人は，存亡の危機にあった祖国 ポーランドにちなんで，発見した元素をポロニウムと名付けた．国名にちなんだ元素にはゲルマニウム（ドイツ），ガリウム（フランス），アメリシウムなどもある．

　ところで，幻に終わったが，ニッポニウムについてはあまり知られていない．これを報告したのは，小川正孝(1865-1930) である．イギリスのラムゼイの元で，留学中に始めたホウトリウム鉱の成分の研究において，それまで知られていなかった 43 番元素を見出したとして，1908 年（明治 41 年）ニッポニウムという名を付けて報告を出した．これは世界的に大きな反響を呼んだが，実証されることが無く，テクネチウムの発見によって否定されてしまった．90 年後，小川の実験ノートを読み解いた吉原賢二は，ニッポニウムが，その当時知られていなかった 75 番元素，現在のレニウムにあたっていることを結論した．小川は惜しいところで日本人唯一の元素発見の栄誉を逃したのであった．一世紀を隔てて小川の再評価ができたのは，小川の克明な実験ノートのおかげであった．

第8章

自分が作り出した物質にどのように対応するか

　化学の仕事では，たくさんの物質が作り出される．それらの物質についてまずしなければならないことは，その物質が何であるか（どのような構造を持っているものか＝何という名前のものであるか）を確定する，すなわち物質を"同定（identify）"することである．そして，この物質がこれまでに知られていた物質であるのか，あるいはこれまで誰も報告していなかった新しい物質であるのかを明らかにする．この章では，化学物質の同定と，物質情報を受け取ったり発信したりするときに必要な基本データとについて考えてみよう．

8・1 純物質の製取

化学を仕事とするようになると、毎日のように未知の物質（少なくとも自分にとっては）に出会うことになる。それは、植物・動物の成分を抽出したものであったり、反応で得られたものであったり、環境汚染が心配されている土壌に含まれる物質であったりする。化学者がまずしなければならないことは、その物質の同定である。しかし、原則としては、同定の前提として、その物質を純粋なものに精製しなければならない。

注："原則"と書いたのは、合成高分子物質のように、単一の構造を持つ物質が取れない場合でも同定しなければならない場合もあるからである。機器分析の発展で、最近では混合物のままその成分を同定することも可能になってきている。

（1） 物質の精製

物質をきれいにするには、いろいろな物質精製法の技術を駆使する。ここは、化学の専門家としての技術の見せ所である。物質の精製法には、**蒸留**（単純な蒸留だけでなく、**減圧蒸留**、**水蒸気蒸留**などがある）、**再結晶**もあるが、**クロマトグラフィー**を活用するのもよい方法である。これらについては、基礎の実験書で学ぶと同時に、実験で腕を磨いておかなければならない。

（2） 純粋であることの確認

精製によって得た物質は、純粋なものであることを検証しなければならない。不純物質が混じっていないかどうかは、**クロマトグラフィー**（**薄層クロマトグラフィー、ガスクロマトグラフィー**など）、**スペクトル**（NMRなど）などによって主成分以外のものが検出されないことを確かめるとよい。融点の範囲が狭くシャープに融けることも目安になる。

注：同定に使う化学物質は，純粋といっても 99.99% というような高い純度を要求しない．スペクトルの測定のためには，95% くらいの純度で十分であろう．しかし，後でも述べるように，元素分析にかける試料は高度に精製しなければならない．また，不純物の中には溶媒も含まれるから，乾燥にも留意しなければならない．

8・2　分子構造の同定

さて，物質が精製されてきれいなものが得られたとする．人間の同定には，顔写真，指紋が使われるが，化学物質では**物理的性質**（よく使われるのが，**融点，沸点，スペクトル**（NMR，IR，UV など））である．それらの性質が，これまでに報告されているものと一致すれば，その物質が同定されたことになる．自分の作ったものが，これまで報告されている物質のどれとも一致しない場合には，新規物質を作り出したことになる．そのときは，化学構造を決めるのに十分なデータを提供して，次にその物質に出会った人が，その物質を同定できるようにする．

化学物質の同定には，いろいろな段階がある．実験書や文献に従って作った素性の分かっている化合物では，融点，沸点，一部のスペクトルデータなどが文献記載のものと一致することを確かめればよい．文献といっても，手軽に利用できる化合物辞典，便覧，スペクトルデータ集でよい．少し複雑なものは，それが記載されている原著論文の融点・沸点，スペクトルデータ（^{1}H-, ^{13}C-NMR, IR, MS など）との一致を見ればよい．

自身の実験計画に従って作った物質は，これまでの研究の流れである程度構造が推定でき，それとスペクトルデータの解析とを合わせて構造を決める．

この構造のものを *CA* などで検索し，ヒットするものがあれば原著論文

に当たって,融点,沸点,スペクトルが,自分のものと一致するか調べる.もし一致しないときは,前に報告した人か,自分のどちらかが間違った構造を推定していることになる.こんな場合は,さらに詳しい慎重な検討をして,どちらが正しいかを明らかにしなければならない.

　新しく得た物質の構造が,これまで誰も報告したものでないときには,"新規物質"として(世界に向かって)報告することになる.これは,学術論文を発表することによってなされる.第7章(§7・2)で述べたような流れに沿って,新しい物質の情報は定着する.

　"新規物質"を報告するときは,次にその物質に出会った研究者が,「同じものである(=同定)」ことが確認できるようにデータを揃えておかなければならない.また,後の人がその物質を作れるように,製造方法,分離精製法も詳しく書いておかなければならない.

　新規物質の記載法は,学術雑誌によって少しずつ違うので,注意が必要である.つぎに,日本化学会出版の欧文学術雑誌である *Bull. Chem. Soc. Jpn.* (*Bulletin of the Chemical Society of Japan*)の新規物質の記載例を見てみよう.

K. Shimada, K. Aikawa, T. Fujita, M. Sato, K. Goto, S. Aoyagi, Y. Takigawa, C. Kabuto, *Bull. Chem. Soc. Jpn.*, **74**, 511-525 (2001).

compound **3**

Colorless needles, mp 101.9-102.5 °C(dec.); MS m/z(%) 197(M$^+$-CH$_3$CHO; 17), 58; IR (KBr) 2979, 1606, 1489, 1398, 1311, 1238, 1230, 1162,

1089, 965, 846, 838, 827 cm^{-1} ; ^{1}H NMR(CDCl$_3$) δ1.61(3 H, d, J = 6.3 Hz), 1.64(3 H, d, J = 6.3 Hz), 5.30 (1 H, q, J = 6.3 Hz), 5.36(1 H, q, J = 6.3Hz), 7.37 (2 H, J = 8.9 Hz), 7.34(2 H, J = 8.9 Hz) ; ^{13}C NMR (CDCl$_3$) δ 22.2(q), 22.5(q), 87.5(d), 127.6(s), 128.6(d), 136.9(s), 137.0(s), 156.0(s). Found: C, 54.73 ; H, 4.97 ; N, 5.75%. Calcd for C$_{11}$H$_{12}$ClNOS: C, 54.66 ; H, 5.00 ; N, 5.79%.

　スペクトルデータなどの読み方は，大学初年級の学生には難しすぎるかも知れないが，実際必要になったときに読み直していただきたい．
　化合物の同定の記載の前には，合成法の記載がある．合成は，次の反応によっているが，合成反応の記述は，原料・溶媒の量，反応温度・時間，反応の止め方など，実験を再現するのに必要な条件が簡潔ではあるが，十分に書かれている．反応の後処理，生成物の精製についてもこの通りにたどれば，確実にきれいな物質を手に入れることができよう．
　それ故，研究成果の発表に当たっては，何回か実験を繰り返し信用のおける結果を記述すべきである．

A 20 mL dichloromethane solution of *p*-chlorobenzenecarbothioamide (1) (10.0 mmol) was treated with 2, 4, 6-trimethyl-1, 3, 5-trioxane (2 : paraldehyde, 1.04 g, 8.00 mmol) and Et$_2$O-BF$_3$ (2.84 g, 20.0 mmol) at 0 ℃, and the reaction mixture was stirred for 3 h at room temperature. The reaction was then quenched with an aqueous NaHCO$_3$ solution, and extracted with dichloromethane. The organic layer was washed with water and then dried over anhydrous Na_2SO_4 powder. After removing the solvent in *vacuo*, the crude product was purified using column chromatography on silica gel to afford 2, 6-dimethyl-4-(*p*-chlorophenyl)-6*H*-1, 3, 5-oxathiazine (3) in 38% yield.

　新規物質については，**元素分析**が求められることが多い（理論値と実験値を併記する）．元素分析では，通常，実験値と理論値の違いが 0.03% 以下であることが要求される．最近では，その重要性が軽視されているが，元素分析は原子組成について実に鋭敏な情報を与えてくれる．

　実例で見てみよう．コレステロールとコレスタノールは炭素 27 個の大きな分子でありながら水素 2 個の違いしかない．しかし，その元素分析の理論値は，

　　　コレステロール　$C_{27}H_{46}O$：C, 83.87%；H, 11.99%
　　　コレスタノール　$C_{27}H_{48}O$：C, 83.43%；H, 12.45%

で，容易に区別がつく．

　元素分析は精密なので，物質の精製には細心の注意が必要である．コレステロールのサンプルの再結晶に使ったベンゼンが，1% 残っていたとする．このサンプルの C, H の分析値は，C, 83.55%；H, 12.00% で，炭素の分析値が許容誤差をはみ出す結果となってしまう．

日本の化学を開拓したエフェドリン

　エフェドリンは，日本の化学では忘れられない歴史的意味を持った物質である．明治維新の後，第一世代の明治の化学者は，欧米の化学を日本に導入するだけでなく，日本の化学を世界的な水準に高めるために懸命の努力をした．長井長義もその一人である．十数年にも及ぶドイツ留学から帰るとき，師のホフマンは長井に，日本での化学研究には日本独特の研究対象を選ぶべきであると忠告した．長井はその忠告どおり，漢方薬の麻黄(まおう)の有効成分としてエフェドリンを取り出し，その化学構造を決めたのであった．日本の化学の勃興期に，世界で通用する研究がこのように成し遂げられたのである．

第9章

化学物質の危険性と化学構造
―危険物質は見分けられるか―

　化学では，構造式を基に物質の持つ性質を解明する．それならば，化学物質の持つ危険性（毒性，爆発性など）は，化学構造を見れば推定できるのだろうか？ 残念なことに，化学構造と危険性の関連はそれほどよく分かっていない．それでも，現在どのようなことが分かっているかを知った上で化学物質と付き合うことは必要なことである．本章では，その基礎となることを考えてみよう．

9・1　化学構造と生理作用

　構造式を見れば，その物質の毒性，爆発性，引火性などの危険性が予測されるであろうか？　爆発性，引火性についてはある程度推測がつくが，残念なことには，化学構造と毒性（逆に薬としての有効性）を結びつける法則はよくは分かっていない．ちょっと化学構造が違っているだけで，毒性や，その逆の医薬としての有効性も変わってしまう．

　2000年のシドニー・オリンピックの女子体操で優勝した，ルーマニアのラドゥカン選手が，ドーピングのために金メダルを剝奪された．選手が飲んでいた風邪薬にエフェドリン（図9・1）という興奮剤が含まれていたためであるという．エフェドリンには4種の立体異性体がある．立体異性体とは，化学構造式に違いがなく（すなわち分子の中での原子の結合順序が同じ），ただ原子の空間の立体的配列が違っているために生まれる分子の違いである．この場合，2個ずつの異性体が，右手と左手の関係で対になっている（右手と左手は，形が同じであるのに完全に同じではない．右手用の手袋は，左手にははめられない）．従って，二つの物質は異ったものである．構造式が同じなので，物質の物理的性質や化学的性質はよく似ている．しかし，エ

エフェドリン　　　　エフェドリンの鏡像異性体

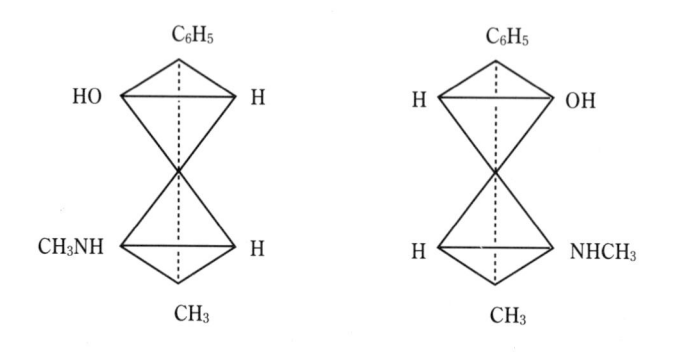

図9・1　エフェドリンの立体配置

フェドリンは交感神経に作用して喘息を治める作用があるのに，右手・左手の関係にある物質は，その薬理作用がないばかりか，エフェドリンに混ざっていると，エフェドリンの作用を弱めてしまう．これは化学物質と生物との実に精妙な関係を示している一つの例である．

生物の持つ精妙さをよく示しているもう一つの例に，男性ホルモンと女性ホルモン（図 9·2）がある．女性が男性ホルモンを飲むと，髭が生えてきたり，月経が止まったりする．男性が女性ホルモンを飲むと，乳頭が黒ずんできて張ったような感じになるという．正反対の作用をするにもかかわらず，化学構造は似ている．代表的な男性ホルモンのテストステロンと代表的な女性ホルモンのエストラジオールの骨格の形はほとんど同じである．持っている原子団も一つがヒドロキシ基（OH）かケトン基（C=O）かの違いだけで，官能基の位置は同じ所にある．これらは生体の中でお互いに変わることすらできる．このような微妙な違いで正反対の作用を生み出すことは生命現象の精妙さを示している．

ホルモン，特に女性ホルモンの作用は，エチニルエストラジオール（図 9·2）のような簡単な構造の化合物でも発現することが分かっている．よく見ると，分子の形と，原子団の種類と位置がエストラジオールに似ている．いま環境汚染物質として問題になっている"環境ホルモン（内分泌撹乱物質）"の一つビスフェノールＡは，そのつもりで見ればエストラジオールに似ていないでもない．

"環境ホルモン"の中で最初に（2001 年）その作用（雄が雌化する）が確認されたとされるノニルフェノールは，p-異性体を主とする混合物であるが，フェノール部位を持つ以外にはエストラジオールとそれほど構造は似ていない．

農薬（特に殺虫剤）は大体の場合，人間にも有害であると考えた方がよい．虫も生物，虫を殺す殺虫剤は同じ生物である人間にも何らかの害を与えても不思議は無かろう．

男性ホルモン
テストステロン

女性ホルモン
エストラジオール

合成エストロゲン（女性ホルモン）
エチニルエストラジオール

ビスフェノールA

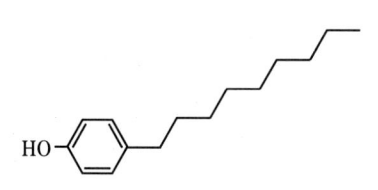

p-ノニルフェノール

図 9・2　男性ホルモンと女性ホルモン

生物が作ることがない物質に対して，生物は2通りの対応をする．

一つは，その物質を素通りさせてしまうことである．この場合は，毒にも薬にもならない．

もう一つの場合は，珍しいものが来たというので取り込んで放さない（蓄積）場合である．これが毒になるものであれば，少量ずつ取り込んでも蓄積して，深刻な障害が引き起こされる心配がある．水銀などはこの例である．

初めのうちは，化学物質をみんな危険と思って付き合う（取り扱う）のがよいだろう．多くの経験を通じて，その無毒性，積極的には薬理作用が確認されて，人は安心してその物質を体に入れることができる（ある場合は，より大きな病気という危険性を避けるため，危険を冒して薬を飲むのである）．

新薬を作るとき，医薬として実用する前に，厳重な臨床試験の必要なわけはここにある．

毒性などの生理作用は微妙・精妙で，化学構造との関連性が予測しにくい．しかし，発火性・引火性・爆発性についてはある程度予測が可能である．

9・2 発 火 性

空気や水に触れたりすると，自然に火がついて燃え出す物質がある．酸素（空気）に触れて反応する（酸化されやすい）ことが**発火**である．黄リンなどは危険性が大きい．酸化されやすい金属，例えば，マグネシウムなども場合によっては火の元になることがある．身の回りにはないが，化学工業で使われる触媒などには，空気に触れて発火するだけでなく，爆発にまで至る危険性を持ったものがある．

化学反応を起こすには，反応活性な物質が必要である．反応活性な物質は，化学や化学工業では役に立つ物質である．危険性をよく知って，危険物を手なずけながら物質を巧みに使いこなすのが，"文明"と呼ばれているも

のであろう．

　物質には，水に触れて激しく反応するものもある．我々の環境は，酸素とともに，水分にも満ちあふれているので，水分に触れると熱を出して激しく反応する物質には注意が必要である．そのような物質には，金属ナトリウム（Na），カルシウムカーバイド（CaC_2），酸化カルシウム（消石灰 CaO）などがある．

9・3　引火性

　自分自身は火を出さないが，火を近づけると燃え出すのが**引火**である．ものが空気中で燃えるのは，ほとんどが酸素と化合することである．だから，酸素と化合しやすい元素を持っているものは燃える可能性がある．また沸点が低く気体になりやすいものは燃えやすい（燃焼の場に供給されやすいため）．酸素と化合しやすい元素の代表的なものは炭素（C）と水素（H）である．炭素と水素を含む物質は燃える．プロパンや石油は炭素と水素だけからできているのでよく燃え，たくさんの熱エネルギーを出す．分子が酸素を含むと燃えにくくなる．エタノール（エチルアルコール CH_3CH_2OH）はエタン（CH_3CH_3）より燃えにくいし，酢酸（CH_3COOH）はエタノールより燃えにくい．二酸化炭素（CO_2）は全く燃えない．

9・4　爆発性

　爆発とは，大量の気体が一時に発生することである．
　一瞬に反応が起こるので，酸素の供給が無くてもことが起こる．気体は温度が高いと体積が膨張するので，温度が高いほど爆発の威力が増す．爆発では反応が起こる．反応は，エネルギーの高い物質がエネルギーの低い物質に変わるときに起こる．気体物質でエネルギーが低く安定なものは，窒素

9・4 爆発性

(N_2)，二酸化炭素（CO_2）である．それに水（H_2O）は100℃以上の温度で気体である．だから，爆発性の物質は炭素，水素，酸素，窒素をバランスよく含んだものである．バランスよくといったのは，全体でちょうど窒素(N_2)，二酸化炭素（CO_2），水（H_2O）になるような割合でこれらの元素を含んでいる場合である．

このような条件をほぼ満たした物質が，ダイナマイトの成分の"ニトログリセリン（正式には，グリセロールと硝酸のエステル）"やTNT爆薬である．これらは成分元素として，C，H，NとOを含んでいる．これらが，N_2，CO_2，H_2O などに変化する．反応で熱が出，温度が上がるので，反応がどんどん速くなって一瞬に終わってしまう．高温の大量の気体を一度に発生させるので，爆発という結果になる．"ニトログリセリン"を見てみよう．原子の割合は $C_3H_5N_3O_9$ である．この分子2個，すなわち $C_6H_{10}N_6O_{18}$ から，CO_2 が6分子，H_2O が5分子，N_2 が3分子でき，O原子が1個余る計算になる．爆発するための条件をほぼ完璧に満たしていることが分かる．

"ニトログリセリン"
グリセロールと硝酸のエステル

TNT（2,4,6-トリニトロトルエン）

このほか気体として酸素ガス（O_2）を発生する爆発性物質もある．

酸素を限度以上含んだ物質で，**過酸化物**（過は多すぎることを示す）と呼ばれているものがある．過酸化水素（H_2O_2）がその一つで，タンクローリーで運んでいて爆発事故を起こしたりする．過酸化水素は酸素を多く含みすぎるために不安定である．そこで，酸素ガスを発生して水になる．これが急激に起これば爆発になる．

花火に使われる黒色火薬は，硝酸カリウム，硫黄，粉にした炭（炭素）を混ぜて作る．この混合物が爆発物の条件を満たしていることは明らかであろう．

塩素酸カリウム（$KClO_3$）も同じである．加熱すると，酸素ガス（O_2）を発生して安定な塩化カリウムになる．これらは，自身分解するだけでも爆発の危険があるのに，酸素と結合しやすいものがあるとさらに爆発の威力が増す．過酸化物と有機物質は混ぜてはいけない．

注：消毒に用いられる過酸化水素の濃度は約3%であり，この濃度では爆発の心配はない．

化学薬品の事故でお医者さんにかかるときには

大学3年生の有機化学実験で，同級生の一人が臭素を右手（指と手のひら）につけてしまった．滴下速度を調節しているうち，滴下漏斗の栓がゆるんで臭素が漏れて手についてしまったのである．急いで水で洗ったのだが，手が茶色に変色して痛い．たまらず病院に行くことになった．東京大学では，化学教室と病院は斜め向かいで，すぐ近くである．それなのに，同級生はなかなか帰ってこない．やっと，手を包帯でぐるぐる巻きにして帰ってきた彼の話によると，お医者さんは，まず，「臭素って何ですか」と聞いたそうで，何が何だか分からないまま，結局火傷と同じ処置で帰されたとのことである．

臭素についての化学的，医学的な知識がなければ適切な処置もできないはずで，同級生は危ないところであった（ここで，読者は臭素の危険性について調べてみるとよいでしょう）．臭素がついたところがただれてきて，同級生は，2週間くらい，左手だけの不自由な実験をしなければならなかった．

お医者さんに臭素の危険性を知っていてもらうことは難しいだろう．ここでは，事故を起こした側が適切な情報を提供し，お医者さんと相談しながら治療を受けるようにしなければならないのであろう．

参 考 書

藤原 肇『化学物質の総合安全管理』(化学工業日報社, 2000)
化学同人編集部編『新版 実験を安全に行うために』(化学同人, 1993)
日本化学会編『化学安全ガイド』(丸善, 1999)
徂徠道夫 他『学生のための化学実験安全ガイド』(東京化学同人, 2003)
日本試薬連合会編『改訂 試薬ガイドブック』(化学工業日報社, 1992)
化学物質等法規制便覧編集委員会編『実務者のための化学物質等法規制便覧 第3版』(化学工業日報社, 2002)
化学物質安全情報研究会編『化学物質安全性データブック 改訂増補版』 上原陽一監修(オーム社, 1999)
『14504の化学商品』(化学工業日報社, 2004)
(毎年改訂・発行される化学商品の便覧. 製造元, 価格, 毒性, 規制法律, 取り扱い注意事項などが簡潔に書かれていて便利. 商品の数は年度によって変わる.)
照井恵光 他『化学企業のISO 14001』(化学工業日報社, 1998)

日本化学会化合物命名小委員会編『化合物命名法 補訂第7版』(日本化学会化合物命名小委員会, 2000)
中原勝儼・稲本直樹『化学新シリーズ 化合物命名法』(裳華房, 2003)
G. J. Leigh 編・山崎一雄訳著『無機化学命名法―IUPAC 1990年勧告―』(東京化学同人, 1993)
B. P. Block・中原勝儼訳『ACS無機・有機金属命名法』(丸善, 1993)
畑 一夫『有機化合物の命名―解説と演習― 補訂版(有機化学の基礎 別巻

1)』(培風館, 1971)

井藤一良 他編著『有機化合物命名のてびき―IUPAC有機化学命名法 A, B, Cの部―』小川雅弥・村井真二監修（化学同人, 1990）

時実象一『インターネット時代の化学文献とデータベースの活用法』神戸宣明監修（化学同人, 2002）

千原秀昭・時実象一『化学情報―文献とデータへのアクセス― 第2版』（東京化学同人, 1998）

泉 美治 他監修『第4版 化学文献の調べ方』（化学同人, 1995）

索　引

ア

ISO　12, 13
　　——14001　11
　　——14000 シリーズ
　　　49
　　——7000 シリーズ
　　　16
IUPAC 名　60
圧力調整器　34
圧力容器　31
EP　18
イエローカード　55
イオンの価数の表現　71
1 次情報　83
医薬品　17
引火性　108, 112
引火性液体　26
Ewens-Bassett 方式
　77
STN International　74
MSDS　11, 52, 55
オンライン検索　90

カ

化学式　60
化学情報の流れ　83
化学物質安全性データシ
　ート　11, 55
化学物質管理促進法　48
化学物質の譲渡　50

化学物質の審査及び製造
　等の規制に関する法律
　10
化学物質の輸送　50
化学薬品の使用　38
学術雑誌　84
過酸化物　113
化審法　10
カタログ　19
可燃性固体　26
環境ホルモン　109
環境マネジメントシステ
　ム　11
規格
　試薬の——　17
危険性
　化学薬品の——　8
危険物取扱者　13, 25, 51
CAS 登録番号　19, 60,
　73
CAS registry number
　91
禁水性物質　26
グメリン (Gmelin)　86
劇物　23
ケミカル・アブストラクツ
　(*Chemical Abstracts*)
　85
元素分析　104
高圧ガスの危険性　31
高圧ガス保安法　31

工業薬品　17
構造式　61
国際標準化機構　12
混載　23, 29

サ

錯体の式　76
錯体の表現　75
錯体名称　76
酸化数の表現　71
酸化性液体　26
酸化性固体　26
3 次情報　86
GR　18
CA　85
自己反応性物質　26
自主規制　11
JIS 規格　16, 18
自然発火性物質　26
実験ノート　40
指定数量　26, 27
指定物質　11
試薬　16, 17
字訳　61
試薬一級　18
試薬カタログ　17, 19
試薬戸棚　23
試薬特級　18
試薬の劣化　24
試薬ラベル　20
主基　65

索引

主鎖　66
純物質　100
譲渡
　　化学物質の——　50
消防法　25, 27
条例　26, 27
新規物質の記載法　102
Stock 方式　77
製造物責任法　9, 48
製品安全データシート　52
セパレート式収納ケース　23
0 次情報　83
先取権　95
総説　86

タ

置換基　64
置換命名法　65
中心原子　76
貯蔵
　　化学薬品の——　22
　　——施設　29
追跡可能性　13
低温液化ガス　34
天秤　39
投影式　63
同定
　　化学物質の——　101
毒性　108
　　——の検索　91
毒物　23

毒物及び劇物取締法　11
特許　94
　　——公報　97
　　——出願　95
　　——審査　95, 96
トレーサビリティー
　　(traceability)　13

ナ

2 次情報　85
認証試薬　18

ハ

配位子　76
廃棄
　　化学物質の——　48
廃棄物　10
バイルシュタイン
　　(Beilstein)　86
はかりびん　39
爆発性　108, 112
発火性　111
Patent Index　97
ハンドブック　86
PRTR 法　10, 48
PL 法　9, 48
品質の保証　18
Fischer の投影式　63
物性の検索　91
文献カード　94
分別廃棄　49
防火区画　25, 26
法律

化学薬品の使用を規制
　　する——　8
保管
　　化学薬品の——　22
　　——限度量　25
　　——庫　23
ボンベ　31, 34
翻訳　61

マ

無機塩の式　72
無機塩の名称　72
無機化合物の名称　69
命名
　　錯体の——　76
　　——の手順　67

ヤ

薬品貯蔵庫　22
薬品戸棚　22
有機化合物の名称　64
郵便禁制品　51
容器証明書　32
用途別試薬　17, 18

ラ

ラベル　20, 23
　　試薬びんの——　42
reagent　16
レスポンシブル・ケア
　　(Responsible Care)　12
ロット番号　22

著者略歴

すぎ もり あきら
杉森 彰

1933年　東京に生まれる
1956年　東京大学理学部化学科卒業
1958年　同大学院修士課程修了
　　　　日本原子力研究所研究員
1963年　上智大学助教授
1972年　同教授
1999年　同名誉教授

著　書　「有機化学概説(改訂版)」(サイエンス社),「演習 有機化学(新訂版)」(サイエンス社),「化学実験の基礎知識」(丸善, 共著),「有機光化学」(裳華房),「基礎有機化学」(裳華房),「光化学」(裳華房),「化学と物質の機能性」(丸善),「化学をとらえ直す―多面的なものの見方と考え方―」(裳華房),「物質の機能を使いこなす―物性化学入門―」(裳華房)

化学サポートシリーズ
化学薬品の基礎知識

2004年4月15日　第1版発行

検印
省略

定価はカバーに表
示してあります.

著　者　　杉　森　　　彰
発行者　　吉　野　達　治
発行所　　東京都千代田区四番町8番地
　　　　　電話 東京 3262-9166(代)
　　　　　郵便番号 102-0081
　　　　　株式会社　裳　華　房
印刷所　　中央印刷株式会社
製本所　　株式会社　青木製本所

社団法人
自然科学書協会会員

JCLS 〈㈳日本著作出版権管理システム委託出版物〉
本書の無断複写は著作権法上での例外を除き禁じられています. 複写される場合は, そのつど事前に㈳日本著作出版権管理システム (電話 03-3817-5670, FAX 03-3815-8199) の許諾を得てください.

ISBN 4-7853-3412-6

Ⓒ 杉森 彰, 2004　　Printed in Japan

2004年4月現在

―――― 化学系の教科書・参考書 ――――

無機化学(改訂版)	木田茂夫 著	定価2730円
入門 高分子科学	大澤善次郎 著	定価2835円
化学英語の手引き	大澤善次郎 著	定価2310円

―――― 化学新シリーズ ――――

基礎物理化学	渡辺・岩澤 著	定価2940円
基礎有機化学	杉森 彰 著	定価2835円
基礎無機化学	一國雅巳 著	定価2415円
高分子合成化学	井上祥平 著	定価3150円
分子軌道法	廣田 穣 著	定価3045円
光化学	杉森 彰 著	定価2940円
量子化学	近藤・真船 著	定価3570円
物理化学演習	茅 幸二 編著	定価2625円
環境化学	小倉・一國 著	定価2415円
化合物命名法	中原・稲本 著	定価6090円
生物有機化学	小宮山 真 著	定価2520円
有機合成化学	太田・鈴木 著	近刊

―――― 化学サポートシリーズ ――――

化学のための初めてのシュレーディンガー方程式	藤川高志 著	定価2100円
エントロピーから化学ポテンシャルまで	渡辺 啓 著	定価2100円
有機化学の考え方 ―有機電子論―	右田・西山 著	定価2205円
化学平衡の考え方	渡辺 啓 著	定価1890円
有機金属化学ノーツ	伊藤 卓 著	定価1995円
化学をとらえ直す	杉森 彰 著	定価1785円
レーザー光化学	伊藤道也 著	定価2415円
図説 量子化学	大野・山門・岸本 著	定価2100円
早わかり 分子軌道法	武次・平尾 著	定価2100円
酸と塩基	水町邦彦 著	定価2310円
化学のための数学	藤川・朝倉 著	定価2835円

裳華房ホームページ http://www.shokabo.co.jp/

基本炭素骨格の名称

CH$_4$	methane	メタン
CH$_3$CH$_3$	ethane	エタン
CH$_3$CH$_2$CH$_3$	propane	プロパン
CH$_3$CH$_2$CH$_2$CH$_3$	butane	ブタン
CH$_3$CH$_2$CH$_2$CH$_2$CH$_3$	pentane	ペンタン
CH$_3$CH$_2$CH$_2$CH$_2$CH$_2$CH$_3$	hexane	ヘキサン
⬠	cyclopentane	シクロペンタン
⬡	cyclohexane	シクロヘキサン
⌬	benzene	ベンゼン
(naphthalene structure)	naphthalene	ナフタレン

主要な特性基の名称

式	接頭語		接尾語	
-COOH	carboxy-	カルボキシ	-carboxylic acid	カルボン酸
			-oic acid	酸
-CHO	formyl-	ホルミル	-carbaldehyde	カルバルデヒド
			-al	アール
>C=O	oxo-	オキソ	-one	オン
-OH	hydroxy-	ヒドロキシ	-ol	オール
$-NH_2$	amino-	アミノ	-amine	アミン

接頭語としてのみ呼称される特性基

　ハロゲン：-Cl chloro- クロロ，-Br bromo- ブロモ，-I iodo- ヨード．炭化水素基：
　一般に左側頁の「基本炭素骨格の名称」の炭化水素名の語尾 -ane を -yl に変える．
　$-CH_3$ methyl- メチル，$-C_2H_5$ ethyl- エチル．ただし，⌬ phenyl フェニル．

数を表す接頭語

数	接頭語		数	接頭語	
1	mono	モノ	10	deca	デカ
2	di	ジ	11	undeca	ウンデカ（有機命名法）
3	tri	トリ	11	hendeca	ヘンデカ（無機命名法）
4	tetra	テトラ	12	dodeca	ドデカ
5	penta	ペンタ	倍数詞接頭語		
6	hexa	ヘキサ	2	bis	ビス
7	hepta	ヘプタ	3	tris	トリス
8	octa	オクタ	4	tetrakis	テトラキス
9	nona	ノナ （有機命名法）			
9	ennea	エンネア （無機命名法）			